海洋动物爆笑漫画

神奇生物大集合

[日] 松尾虎鲸 文/图 肖潇 译

安徽美术出版社
Anhui Fine Arts Publishing House

前 言

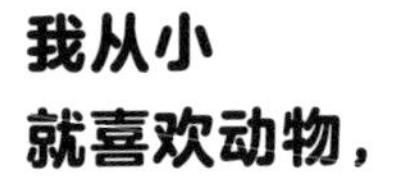
我从小
就喜欢动物，

经常看介绍
动物的电视
节目。

上大学时，我
在海洋馆第一
次见到虎鲸，
就立刻迷上了这种
以前不曾听说过的
动物，它的美完全
俘获了我的心。

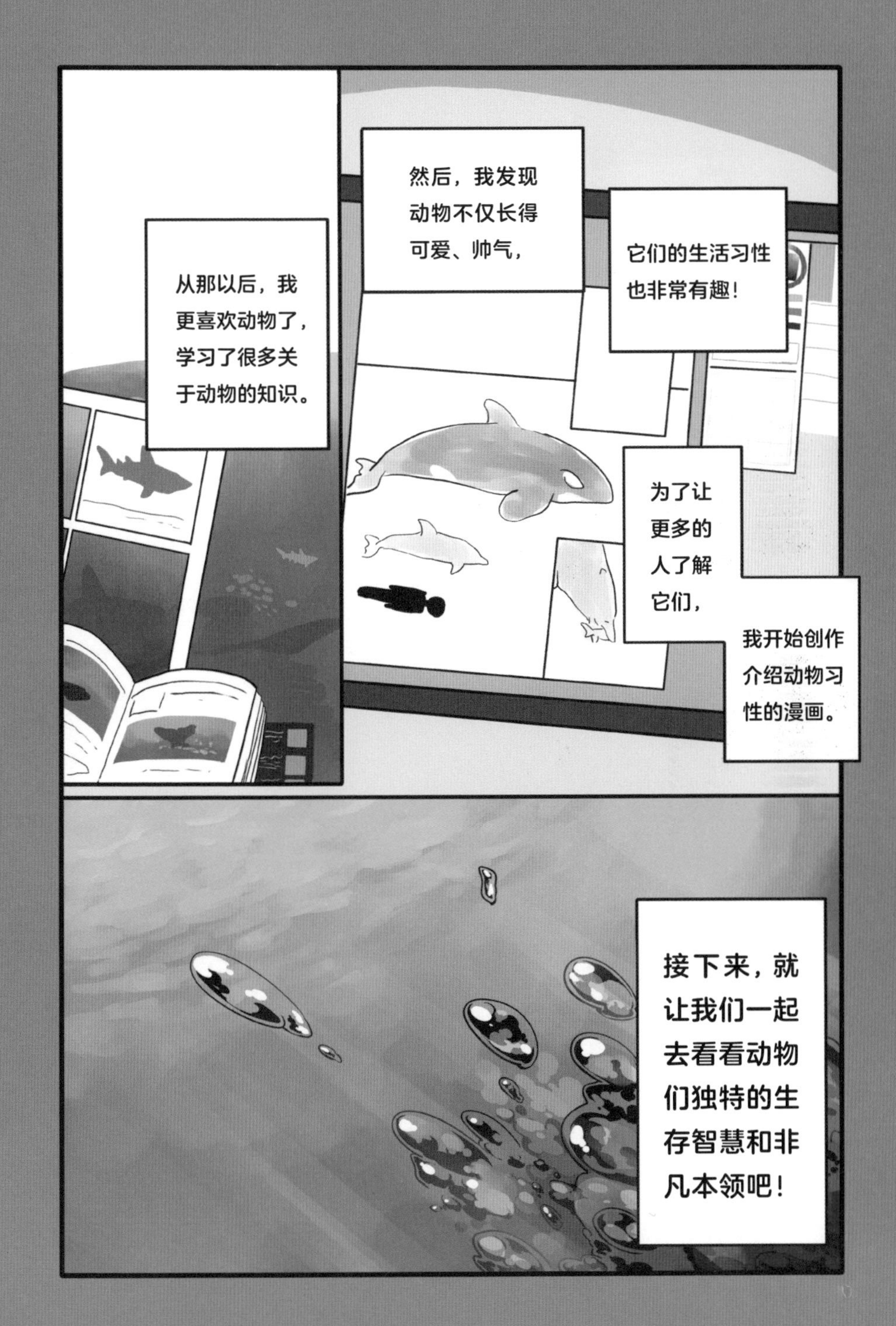
从那以后，我
更喜欢动物了，
学习了很多关
于动物的知识。
然后，我发现
动物不仅长得
可爱、帅气，
它们的生活习性
也非常有趣！
为了让
更多的
人了解
它们，
我开始创作
介绍动物习
性的漫画。
接下来，就
让我们一起
去看看动物
们独特的生
存智慧和非
凡本领吧！

海洋动物爆笑漫画
神奇生物
大集合
目 录

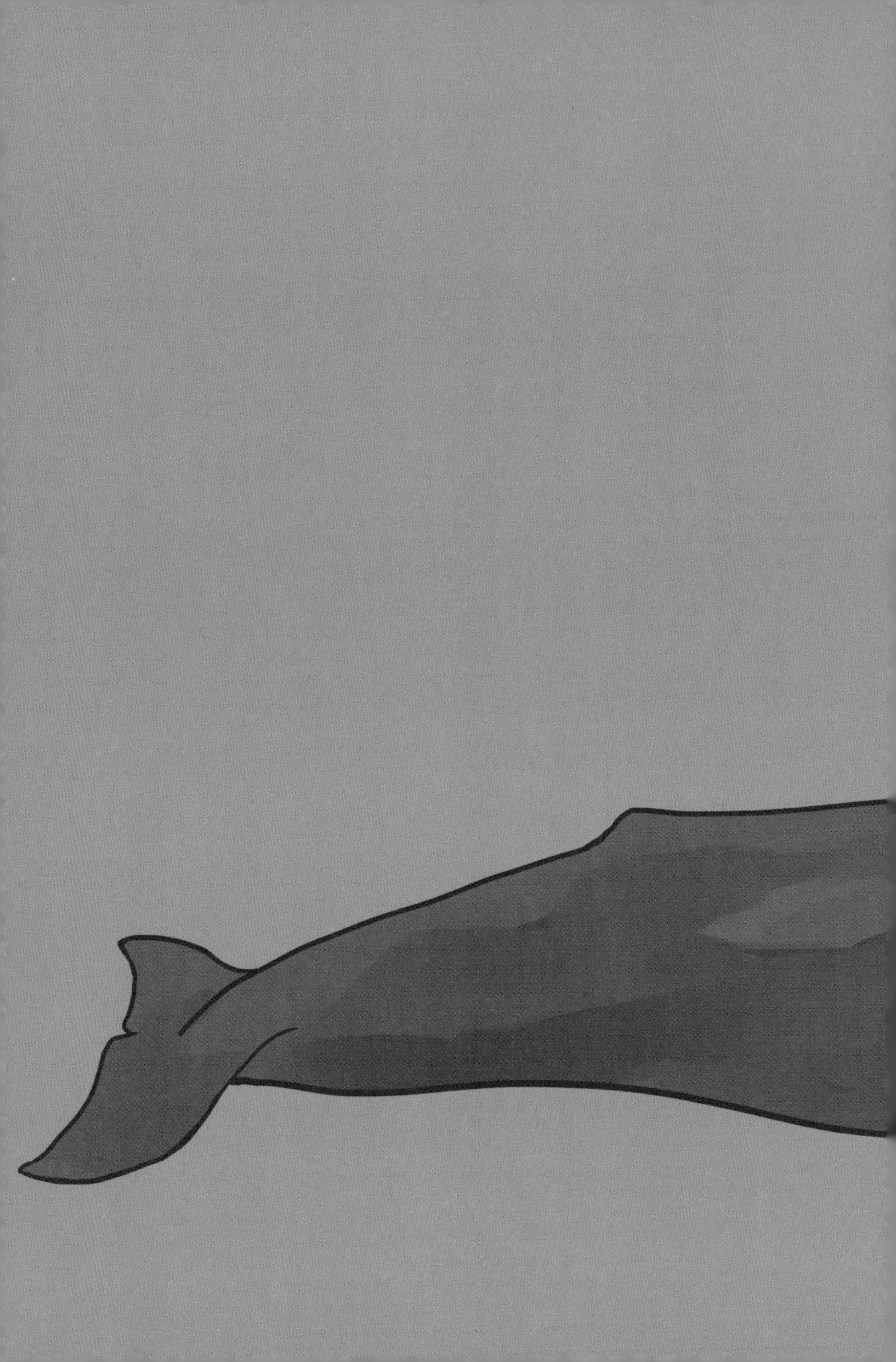

第1章

海里的庞然大物！
鲸类家族的小伙伴们和
海洋哺乳动物

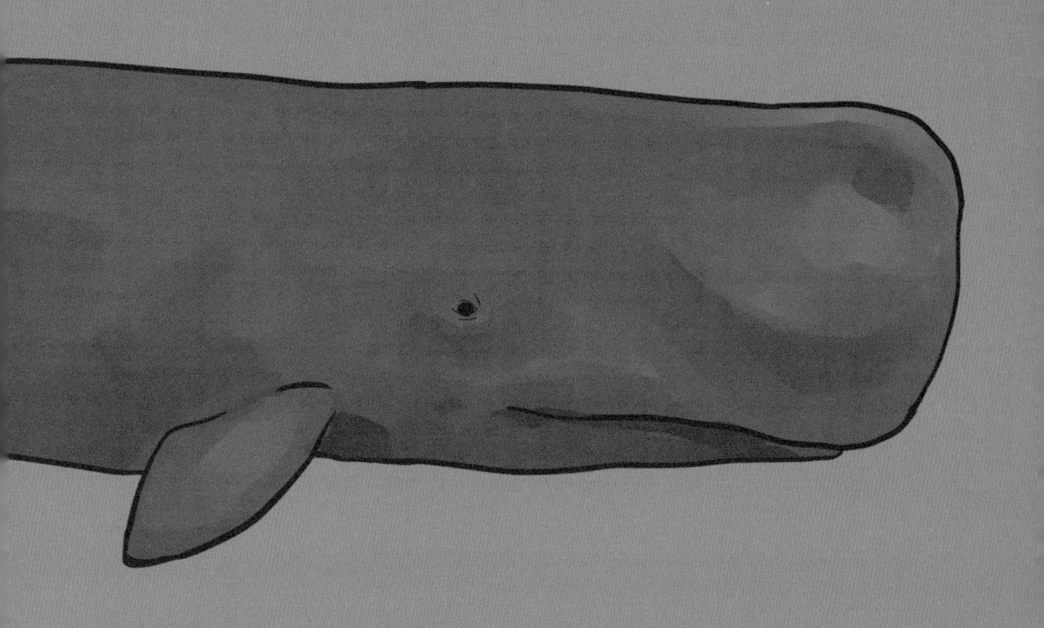

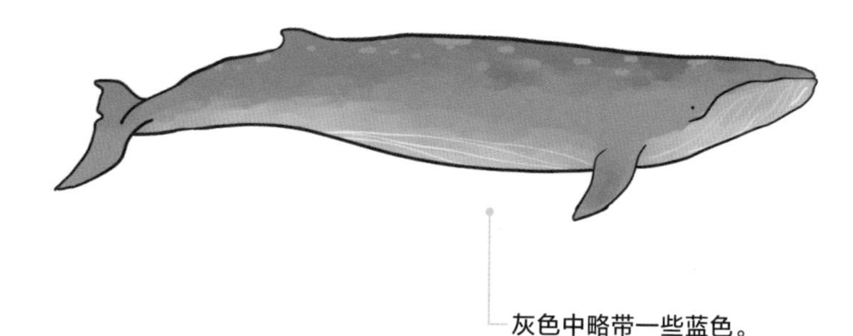

灰色中略带一些蓝色。

蓝鲸

Balaenoptera musculus 须鲸科

●20～34米 ▲从赤道到南极、北冰洋 ♥磷虾和小鱼等

蓝鲸是地球上体形最大的动物，寿命为35~40年。
它们的体重为200吨左右，每天要吃掉4~8吨磷虾。

世界上最大的动物也有天敌？

蓝鲸是世界上最大的动物，庞大的身躯最长可达30多米，它们的主要食物居然是小小的磷虾，不会袭击人类。有些虎鲸捕食鲸类，主要以幼鲸为目标，但有时也会袭击体长超过20米的成年蓝鲸。

本书中的符号 ○体长 △栖息地 ♡主要食物

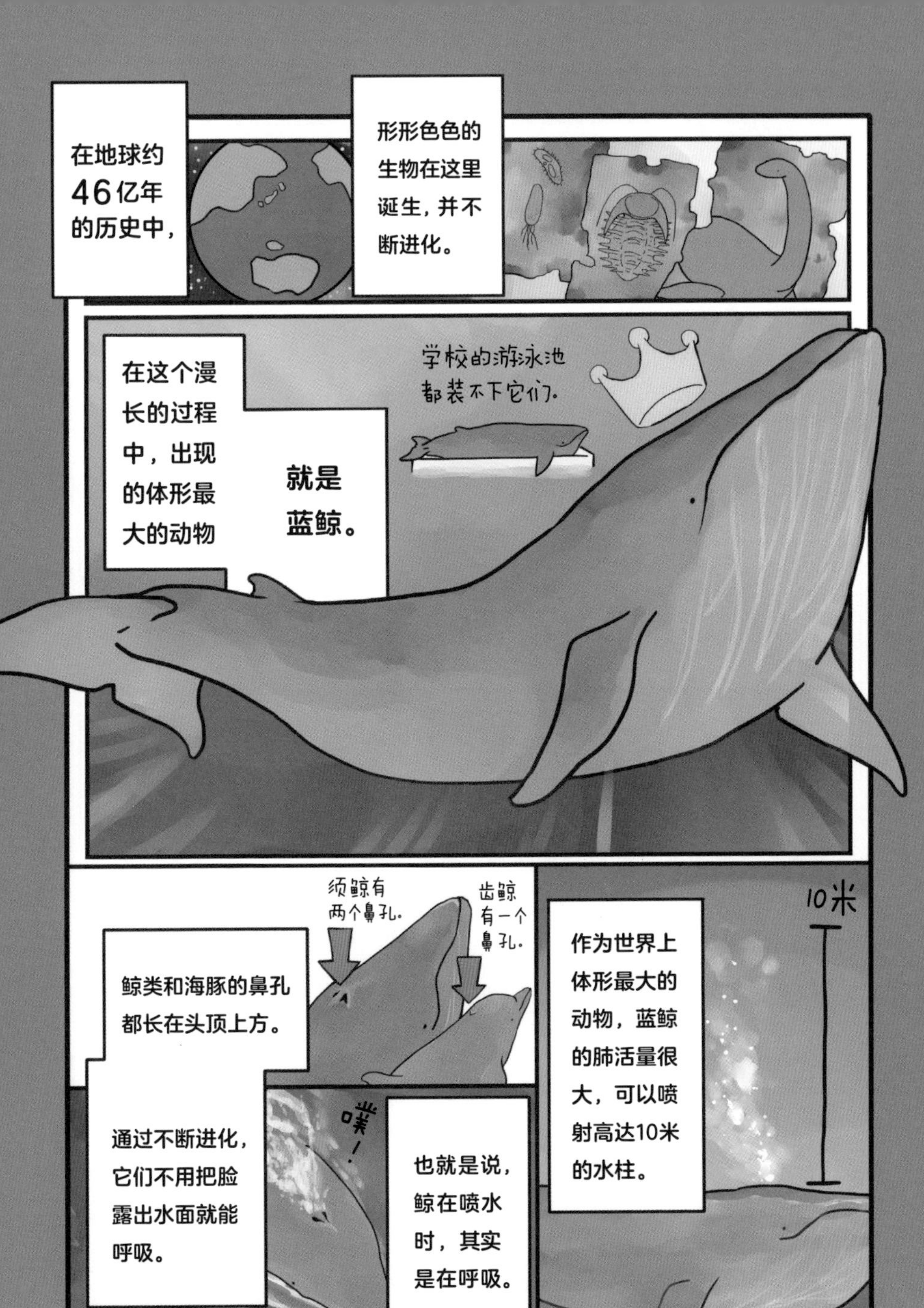
在地球约46亿年的历史中，
形形色色的生物在这里诞生，并不断进化。
在这个漫长的过程中，出现的体形最大的动物
就是蓝鲸。
学校的游泳池都装不下它们。
须鲸有两个鼻孔。
齿鲸有一个鼻孔。
鲸类和海豚的鼻孔都长在头顶上方。
10米
作为世界上体形最大的动物，蓝鲸的肺活量很大，可以喷射高达10米的水柱。
通过不断进化，它们不用把脸露出水面就能呼吸。
噗！
也就是说，鲸在喷水时，其实是在呼吸。

拥有所有生物中最大的脑。

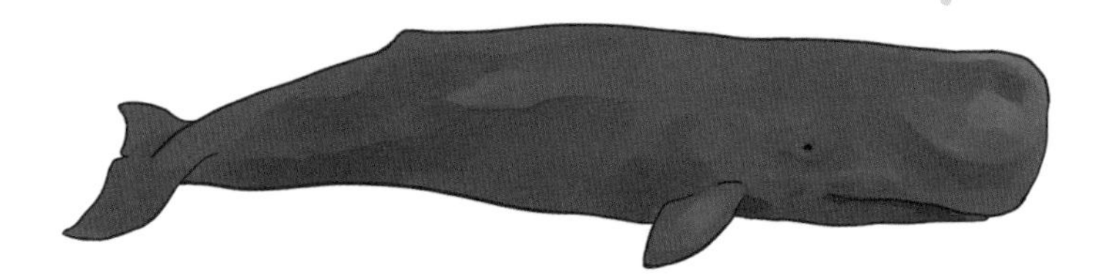

抹香鲸

Physeter macrocephalus 抹香鲸科

●12～18米 ▲南极北部到北冰洋南部 ♥乌贼、章鱼和鱼类

抹香鲸的头部储存着大量被称为“鲸蜡”的物质。
它们能潜到海下捕食乌贼。

世界上最大的脑?

世界上所有生物当中，抹香鲸的脑是最大的，据说相当于人脑的七倍。宽吻海豚和虎鲸等齿鲸的上颌和下颌都长有牙齿，但抹香鲸的牙齿只长在下颌，上颌是牙槽，当它们闭上嘴巴时，牙齿可以伸进上颌里。

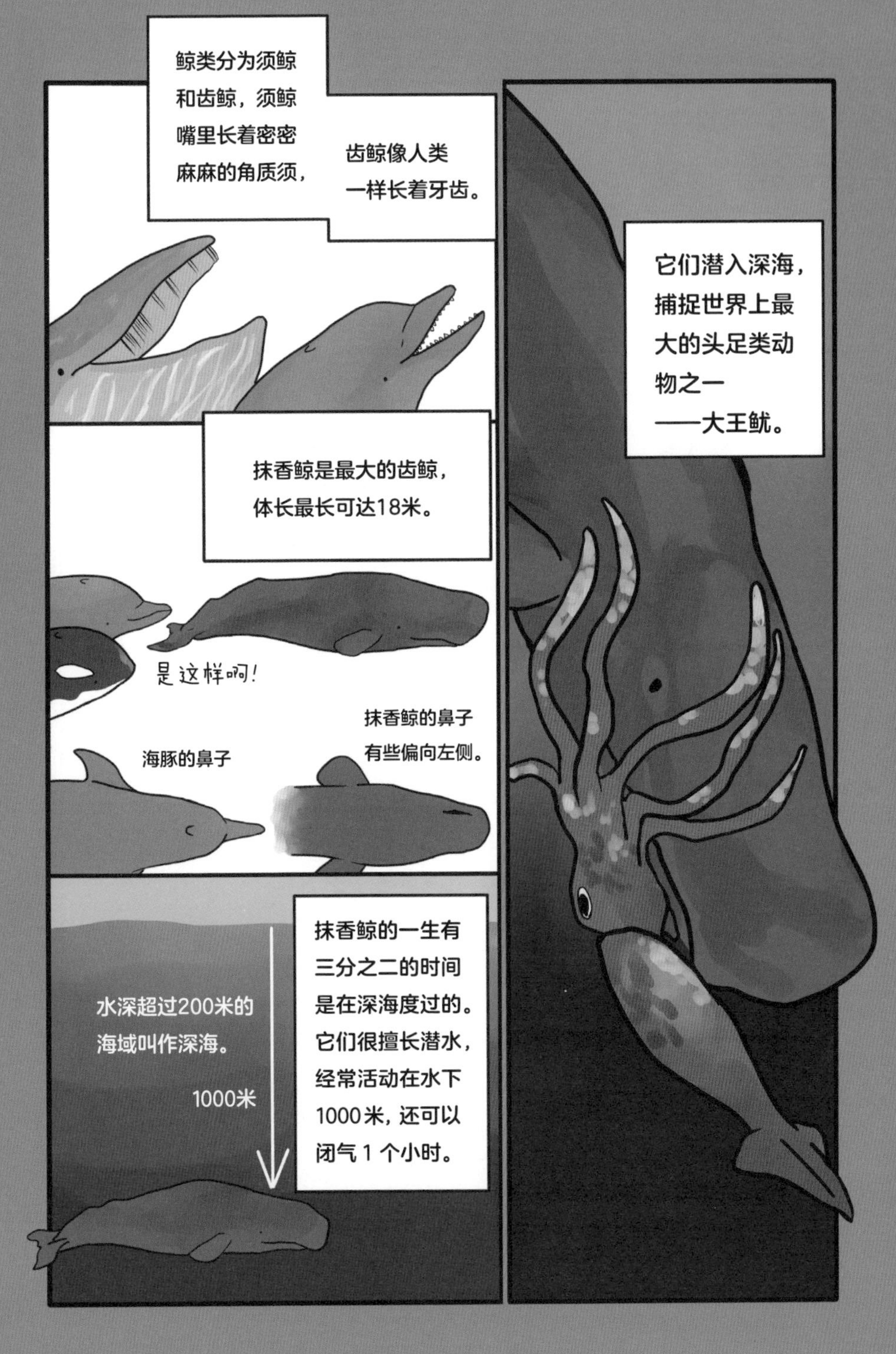
鲸类分为须鲸
和齿鲸，须鲸
嘴里长着密密
麻麻的角质须，
齿鲸像人类
一样长着牙齿。
抹香鲸是最大的齿鲸，
体长最长可达18米。
是这样啊！
海豚的鼻子
抹香鲸的鼻子
有些偏向左侧。
水深超过200米的
海域叫作深海。
1000米
抹香鲸的一生有
三分之二的时间
是在深海度过的。
它们很擅长潜水，
经常活动在水下
1000米，还可以
闭气 1 个小时。
它们潜入深海，
捕捉世界上最
大的头足类动
物之一
——大王鱿。

经常有寄生生物和其他生物
附着在灰鲸的头部和背部，
使它看起来很像岩石。

灰鲸

Eschrichtius robustus 灰鲸科

●12.2～15.3米 ▲北太平洋沿岸 ♥虾类、贝类和鱼类等

灰鲸是洄游距离最长的动物之一，有些灰鲸可以成群结队地从阿拉斯加游到墨西哥湾沿岸，行程往返超过 2 万千米。

鲸类也有“左撇子”和“右撇子”吗？

灰鲸头部和身体上经常附着有藤壶、鲸虱等寄生生物，看起来就像灰白色的斑纹。它们斜着身体捕食，既有经常朝左侧斜的个体，也有经常朝右侧斜的个体。灰鲸属于小型鲸，经常会遭到虎鲸的袭击。

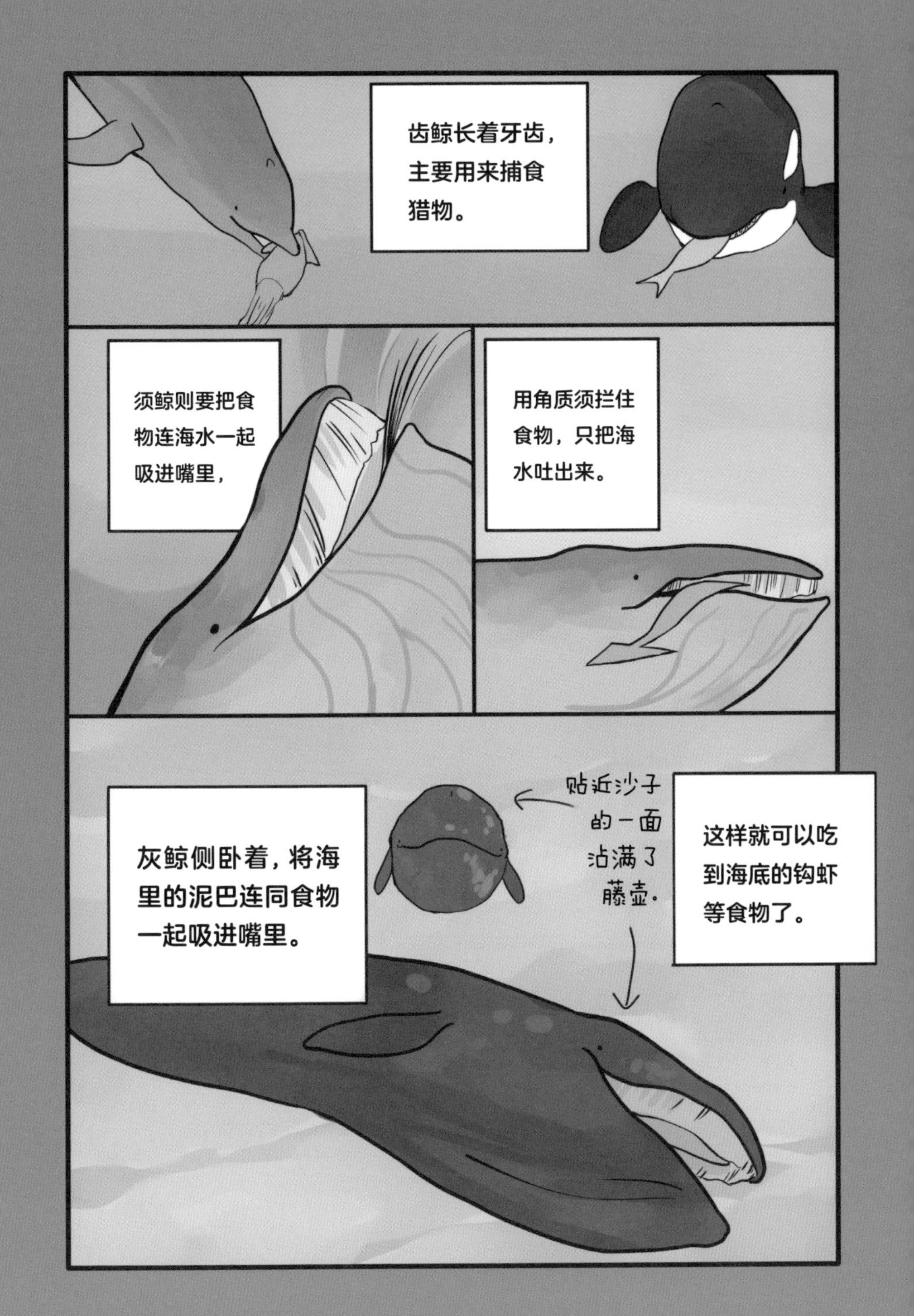
齿鲸长着牙齿，
主要用来捕食
猎物。
须鲸则要把食
物连海水一起
吸进嘴里，
用角质须拦住
食物，只把海
水吐出来。
灰鲸侧卧着，将海
里的泥巴连同食物
一起吸进嘴里。
贴近沙子
的一面
沾满了
藤壶.
这样就可以吃
到海底的钩虾
等食物了。

虎鲸

Orcinus orca 海豚科

●6～9米 ▲世界各地的海洋里 ♥海豹、鲸类、鱼类和海鸟等

虎鲸可以发出各种声音与同伴交流。
它们长着独特的黑白斑纹，智商很高，经过训练可以成为海洋馆里的明星。

海里的杀手？！

虎鲸分布在世界各大洋，既有生活在同一片海域、以鱼类等为食的居留型虎鲸，也有不会停留在同一个地方、以哺乳动物为食的过客型虎鲸，它们也会袭击大白鲨和蓝鲸等大型动物。不同类型的虎鲸不仅习性不同，族群之间的文化（语言和猎食方式）也有着巨大差异。

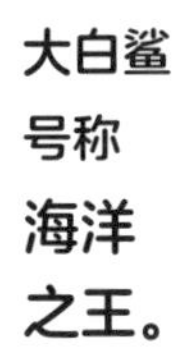

它们所向披靡，锋利的尖牙令人不寒而栗……

咚！

但它们也有天敌，那就是**虎鲸！**

只要一看到虎鲸，大白鲨就会立刻逃走。

虎鲸智商很高，不同族群猎食方式也不同。

有的会齐心协力掀起海浪，将浮冰上的海豹掀到水里。

有的会集体行动，把鲸类困到窒息。

不过虎鲸也有善良的一面，它们的家庭观念很强，成年虎鲸会联手救助被遗弃在浮冰上的幼崽。

嘴部呈现出细长的弧形曲线。

宽吻海豚

Tursiops truncatus 海豚科

●2～3.9米 ▲赤道附近的热带及温带地区沿海水域 ♥鱼类和乌贼

宽吻海豚能以时速 30 千米的速度游动。
它们每秒会发出 1000 次超声波，通过回声来确认自己的方位。

最具代表性的海豚

海洋馆里饲养最多的就是宽吻海豚。在日本也能看到野生的南宽吻海豚，所以人们说到海豚时，大多是指宽吻海豚。海豚是哺乳动物，用乳汁养育幼崽，乳头位于肛门前面的凹槽里（只有雌性才有）。

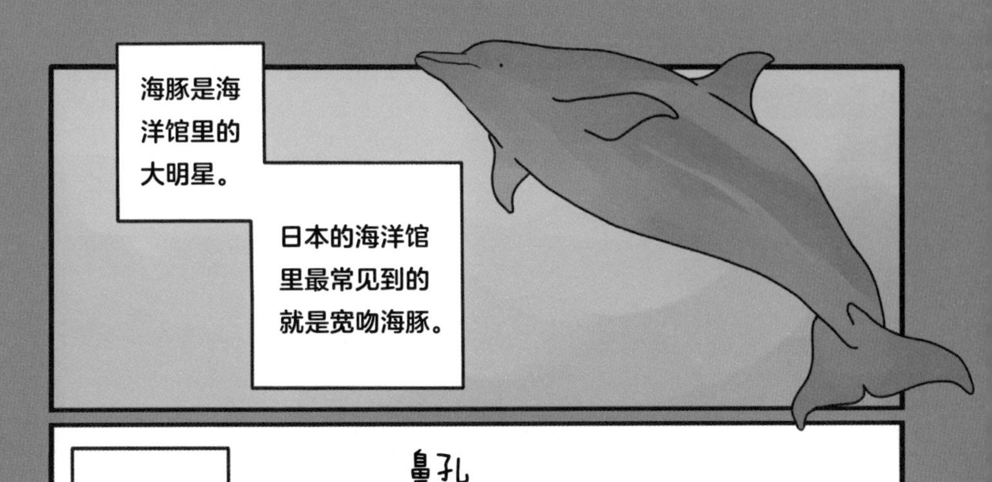

海豚属于鲸类，可以从鼻子深处发出声音，

再通过额头那里一个叫作额隆的器官放大声音。

鼻孔

耳骨

经过下颌薄薄的骨头传递到耳朵。

它们用位于下颌的耳骨（相当于耳朵）接收超声波返回的声音，从而判断周围有什么物体。

回声定位是海豚的看家本领，

这项技能可以帮助它在昏暗的海底捕获猎物。

海豚不是用嗓子发声，而是从鼻子深处发声，所以它们不张嘴就能发出声音。

海豚的鼻子

人类无法听到频率在20000赫兹以上的声音，海豚却可以用频率更高的超声波交流。

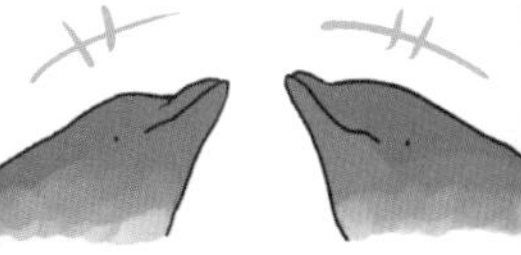

虽然人类听不到，但它们或许正在聊天呢！

海狗

Arctocephalinae 海狮科

●1.2～3.1米 ▲太平洋北部和南极北部

海狗虽然用肺呼吸，但平时生活在水中。
有时它们会在海里连续待上几个星期。

海狗和海狮有什么不同？

海狗、海狮、南美海狮和北海狮都是“一夫多妻制”，由一只雄性和多只雌性共同组成多雌群体。海狮的皮毛又滑又顺，富有光泽，而海狗的毛十分蓬松，外耳郭更大、更醒目一些。也有人在淡水中人工饲养海狗。

是不是听起来很有趣呢？

但雄性必须经过激烈的竞争，才能赢得这样的地位。

落败的雄性海狗只能单身到老，它们大多会和其他雄性失败者共同生活。

我输了……

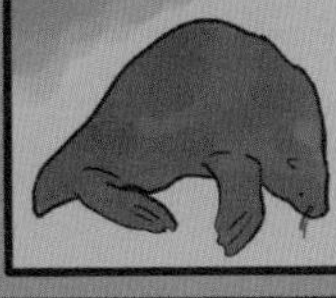

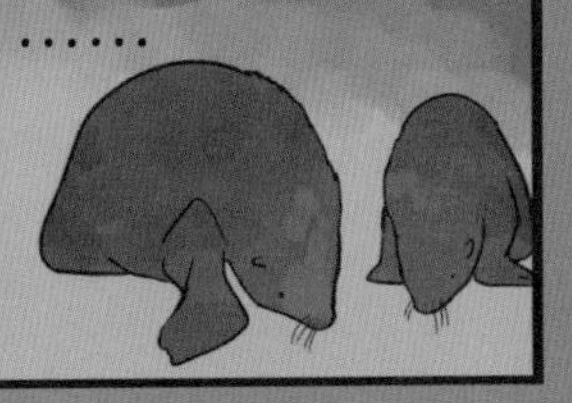

南美海狮和海象也会组成“一夫多妻制”家庭。

有些雄性会选择再战一场，

也有些雄性会见缝插针，伺机结婚。

或许你会觉得那些没结成婚的失败者可怜。但对物种的延续来说，把强壮的雄性基因传给下一代才是最重要的。

加利福尼亚海狮

Zalophus californianus 海狮科

●1.7～2.2 米　▲北美西部海岸和加拉帕戈斯群岛　♥鱼类、乌贼和贝类

加利福尼亚海狮潜入深海时，为了降低心率，可以在水中坚持近 10 分钟再换气。

跳着前进！

与爬着前进的海豹不同，海狮科动物可以用后肢跳跃式前进。此外，海狮、北海狮和海象等动物的前肢趾甲比较短，后肢中间的三根趾甲较长，旁边两根的较短。

很多海洋馆都会有海狮表演，十分受欢迎。
不过经常有人会问，海狮和海豹有什么不同？
海狮可以用后肢跳跃着前进。
跳啊跳！
而海豹则是趴在地上，用前肢爬着前行。
……
爬啊爬！
海豹的耳朵只有两个小洞，而海狮是有外耳郭的。
外耳郭
耳朵眼儿
海狮用前肢划水游泳，
而海豹则主要是用后肢打水前进。

灰色底色上长着黑色斑纹。

斑海豹

Phoca largha 海豹科

● 1.6～1.7 米 ▲ 日本海、鄂霍次克海和太平洋北部等 ♥ 鱼类和甲壳类动物

斑海豹会在冬春季节随浮冰洄游，在浮冰上生产和养育幼崽。

像芝麻一样的斑点

斑海豹身上长着黑色斑纹，看上去就像撒了许多芝麻。经过两至四周的哺乳期，幼崽会在出生后的第三周前后褪去白色或乳白色的毛，长出和成年斑海豹一样的毛。斑海豹游在水中时会紧闭鼻孔。

说到海豹，

很多人都会想到雪白的海豹宝宝。

你可能觉得，海豹宝宝都是白色的……

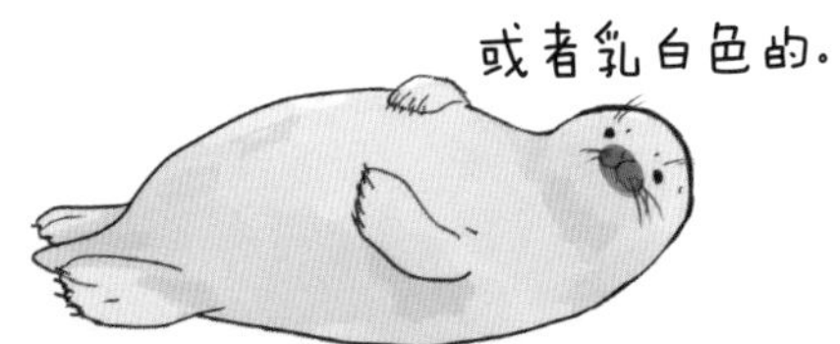

其实并非如此，也有一些海豹宝宝长着灰色或黑色的毛。

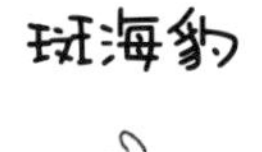

雪白的毛有助于斑海豹在雪地上隐藏自己。

出生后三周左右，它们会换上和成年斑海豹一样的毛。

这样就不容易被北极熊和虎鲸等天敌发现了。

这种与周围环境融为一体、将自己隐藏起来的现象叫作“伪装”。

海象

Odobenus rosmarus 海象科

●2～3.5米 ▲北冰洋及其附近 ♥鱼类、虾、贝类、海豹和海豚等

海象可以用又细又长的胡须作为探测器，潜入深海寻找美味的贝类。

容易混淆的北海狮和海象

人们经常会把北海狮和海象弄混，实际上，北海狮属于海狮科，海象属于海象科。不过海象也和北海狮一样，都是用前肢和后肢行走的。雄性海象和雌性海象都长着獠牙，只是与雄性相比，雌性海象的獠牙略短，并且有些弯曲。

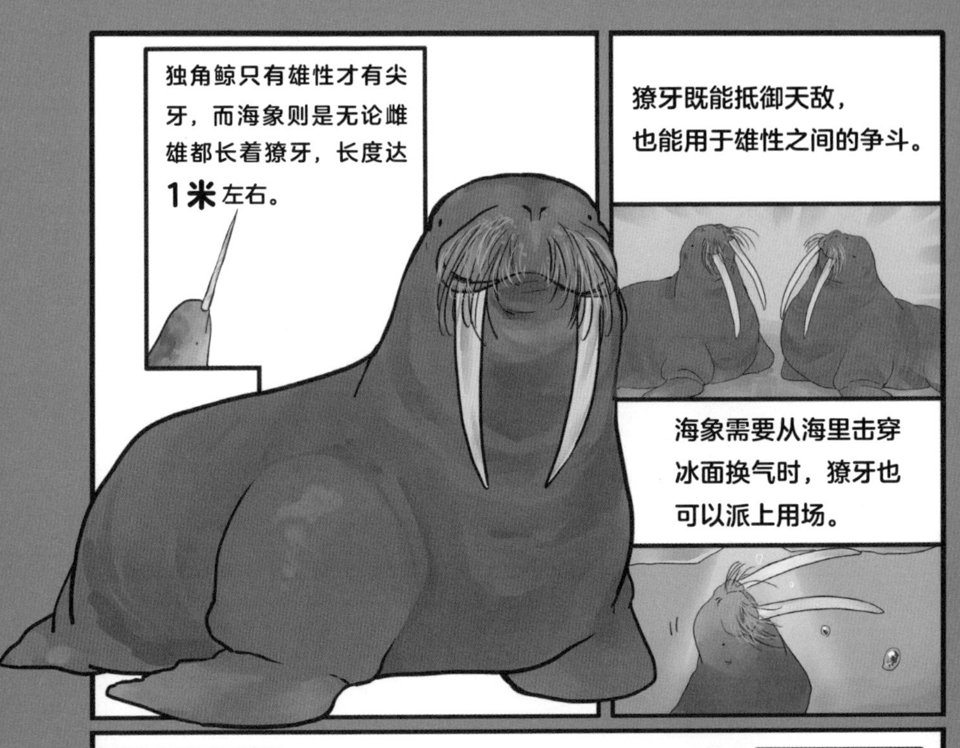
独角鲸只有雄性才有尖牙，而海象则是无论雌雄都长着獠牙，长度达**1米**左右。
獠牙既能抵御天敌，
也能用于雄性之间的争斗。
海象需要从海里击穿冰面换气时，獠牙也可以派上用场。

海象的獠牙长达1米，它们天生就是大块头。刚出生的宝宝就有**75千克**，
在出生后的第一年里，海象宝宝靠喝妈妈的乳汁长大。
几乎相当于一个成年人的体重。

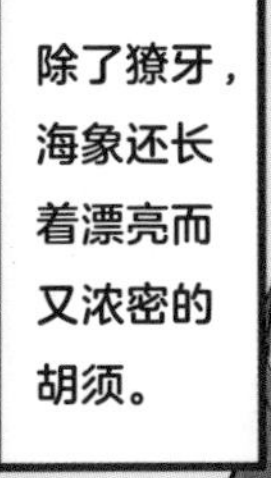
除了獠牙，海象还长着漂亮而又浓密的胡须。

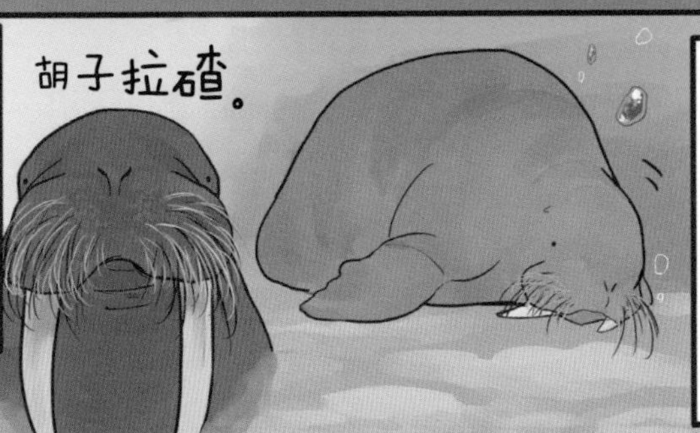
胡子拉碴。
胡须能帮助海象在海底找到贝类。

北海狮

Eumetopias jubatus 海狮科

●2～3.5 米　▲北极近海　♥鱼类和乌贼等

北海狮具有极强的社交能力，会大声地呼唤同伴，用鼻子发出响声。它们在繁殖期会变得更有攻击性。

最大的海狮科动物

北海狮是最大的海狮科动物，体形和海象不相上下，因此经常有人把它们弄混（长着长长獠牙的是海象）。北海狮有海洋馆里人工饲养的，也有野生个体洄游到日本的北海道和青森县的。北海狮能像海狮一样学会各种动作，所以也有一些海洋馆会安排北海狮表演。

人们经常把北海狮和海象混为一谈。
海象
北海狮
海象有长长的獠牙，北海狮没有。

北海狮是最大的海狮科动物，
体形比海狗和海狮壮硕得多，所以人们常将它们与海象弄混。
雌性
雄性
北海狮雄性与雌性的体形相差很大，雄性体重约为雌性的三倍。雌性北海狮的体形很像海狮或海狗。

嗷
但是，和海狗的叫声相比，

嗷——

北海狮的叫声要低沉许多，它们粗犷豪放的声音可以传到数千米之外。

南美海狮

Otaria flavescens 海狮科

●2.2～2.8米　▲南美大陆南部沿岸　♥鱼类、乌贼和企鹅

雄性南美海狮重达400千克，性情十分暴戾。
它们为组建多雌群体争夺地盘时，有时甚至会将对手置于死地。

它们的天敌是虎鲸！

南美海狮的体形虽然比不上北海狮，但要比海狮和海狗大得多，从远处就能辨别出来。它们主要以鱼类和头足类动物（乌贼等）为食，有时候也会捕食企鹅。虎鲸是南美海狮的天敌，有时还会冲到海滩上袭击南美海狮的幼崽。

你可能很少听说南美海狮，它们是海狗的近亲，在有些海洋馆里也能看到。
野生的南美海狮非常强壮，它们有时甚至会吃掉企鹅。
很多动物都可以根据外形特征来分辨雌雄，
例如背鳍较大的虎鲸是雄性，而背鳍呈镰刀形状的则是雌性。
雌性
雄性
雌性
雄性
对狮子来说，我们可以通过有无鬃毛来分辨雄性和雌性。
雄性
雌性
南美海狮也一样，只有雄性长着鬃毛。
此外，它们体形大小、面部特征也与雌性明显不同。

海獭

Enhydra lutris 鼬科

●1.3米　▲北太平洋沿岸海域　♥鱼类、贝类、虾蟹、乌贼和章鱼

在水獭家族中，只有海獭是在水中分娩的。
海獭妈妈浮在水面上，把宝宝放在胸前，教它们游泳和觅食的方法。

海獭是水獭的亲戚

在鼬科动物当中，既有适应水陆两栖生活的水獭，也有几乎一直在海里生活的海獭（海獭也能在陆地上行走）。海獭游得不快，很少能捕到鱼，因此它们以贝类、虾蟹和海胆等为食。海獭很聪明，会使用工具。

生活在冰冷海水里的动物大多通过蓄积的脂肪来御寒，

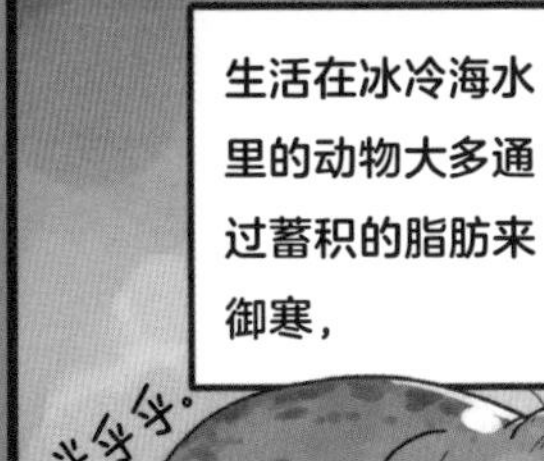

然而海獭却是个例外。

海獭的御寒秘诀在于它们的**毛**。

海獭全身长着**大约8亿**根毛，是世界上毛发最为浓密的动物。

这些毛分为两层，中间可以形成空气层，避免海水直接接触皮肤。

每个毛孔里长着70~80根毛。

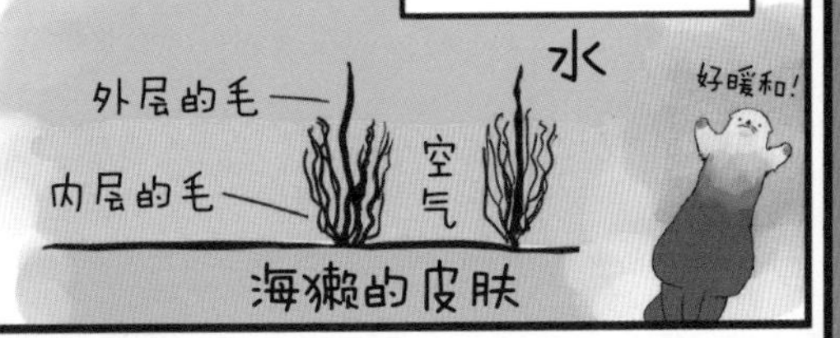

海獭每天要花上好几个小时来打理全身的毛发，以保证空气层的良好性能。

高热量的食物也是保持体温必不可少的。

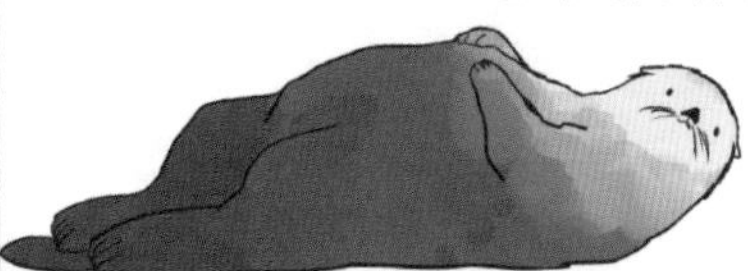

海洋动物爆笑漫画

神奇生物

大集合

第2章

海洋中的猎手！鲨鱼家族的小伙伴们

只有大白鲨能将头露出水面袭击猎物。

大白鲨

Carcharodon carcharias 鼠鲨科

●4~6 米　▲日本北海道到九州、俄罗斯东南部及世界各地的温带海域
♥海洋哺乳动物和大型鱼类

大白鲨的腹部下方是白色的。
它的嘴里长着很多排锯齿状的三角形牙齿，最多可达到 3000 颗。

大白鲨并不会袭击人类？

大白鲨是鲨鱼中最有名的一种，虽然它们生性残暴，但并不会主动攻击人类。在捕捉海面附近的海豹等动物时，它们会在海里极速前进，直接跃出海面咬住猎物。不过只要见到天敌虎鲸的身影，大白鲨就会马上逃走。

巨大的嘴巴，锋利的牙齿！

大白鲨连人类都不放过！

事实并非如此。大白鲨不喜欢吃人，

大多数情况都是把人类误认成了海豹或海狗。

在所有鲨鱼当中，性情暴戾的鲨鱼仅占十分之一左右，

它们也不会主动去攻击人类。

鼬鲨

雄性鲨鱼有两只鳍脚，所以看鲨鱼的腹部就能分辨出它们的性别。

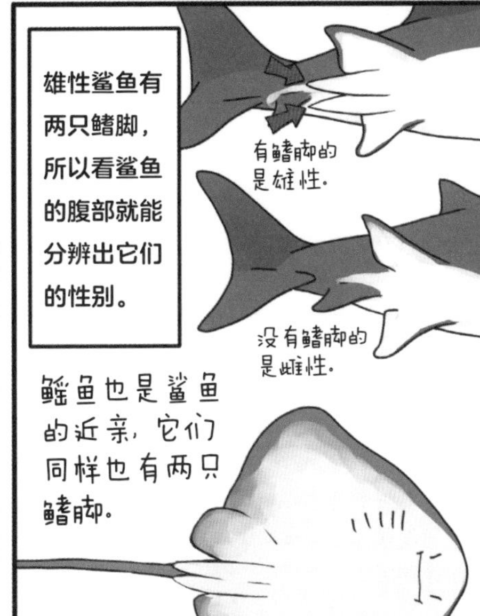

鲸鲨

Rhincodon typus 鲸鲨科

●10~13米 ▲世界各地的温暖海域 ♥浮游动物和小鱼

鲸鲨虽然体形庞大，但性情十分温和，因此人们在潜水时可以与它们近距离接触。

全世界最大的鱼！

鲸鲨是全世界最大的鱼类。它们以浮游生物为食，这在鲨鱼中非常罕见。鲸鲨属于洄游鱼，每年 5~10 月会出现在日本近海。它们虽然体形庞大，但行动缓慢、性情温和，所以会有人组织与鲸鲨一同游泳的活动。

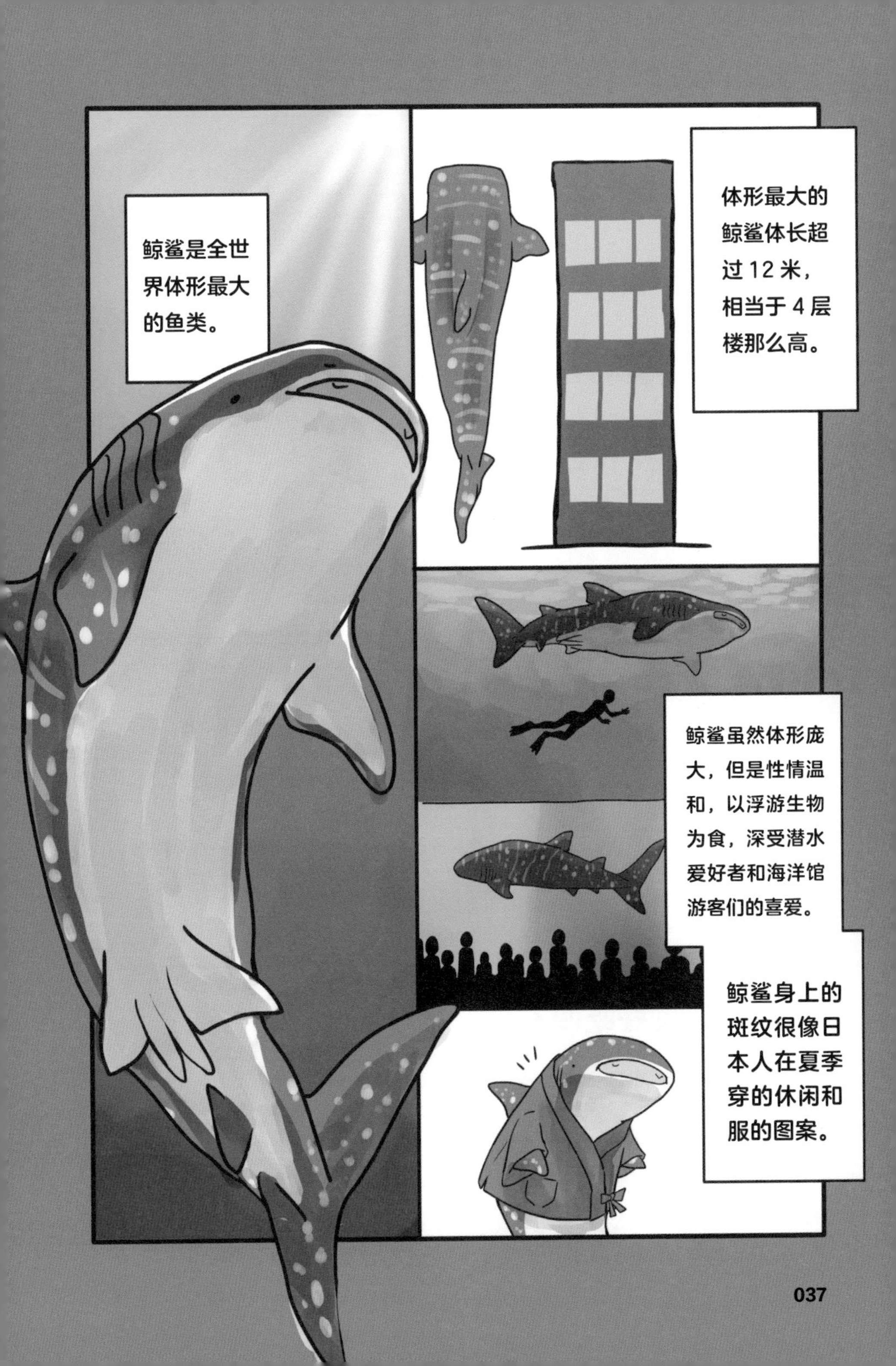
鲸鲨是全世界体形最大的鱼类。
体形最大的鲸鲨体长超过 12 米，相当于 4 层楼那么高。
鲸鲨虽然体形庞大，但是性情温和，以浮游生物为食，深受潜水爱好者和海洋馆游客们的喜爱。
鲸鲨身上的斑纹很像日本人在夏季穿的休闲和服的图案。

长着锯子一样的长吻，中间有一对触须。

日本锯鲨

Pristiophorus japonicus 锯鲨科

●1.7米 ▲世界各地的海洋里 ♥海底的小动物、小鱼、乌贼和甲壳类动物

日本锯鲨平时栖息在海底，夜晚有时会出现在浅海。

日本锯鲨好吃吗？

在日本也能看到锯鲨，它们生活在深 800 米以内的深海里，也有人曾在 40 米左右的浅海发现过它们（锯鳐最深只能生活在深 120 米左右的海里）。日本锯鲨用一对触须在海底的沙子中搜寻猎物。据说它们味道鲜美，没有什么腥味。

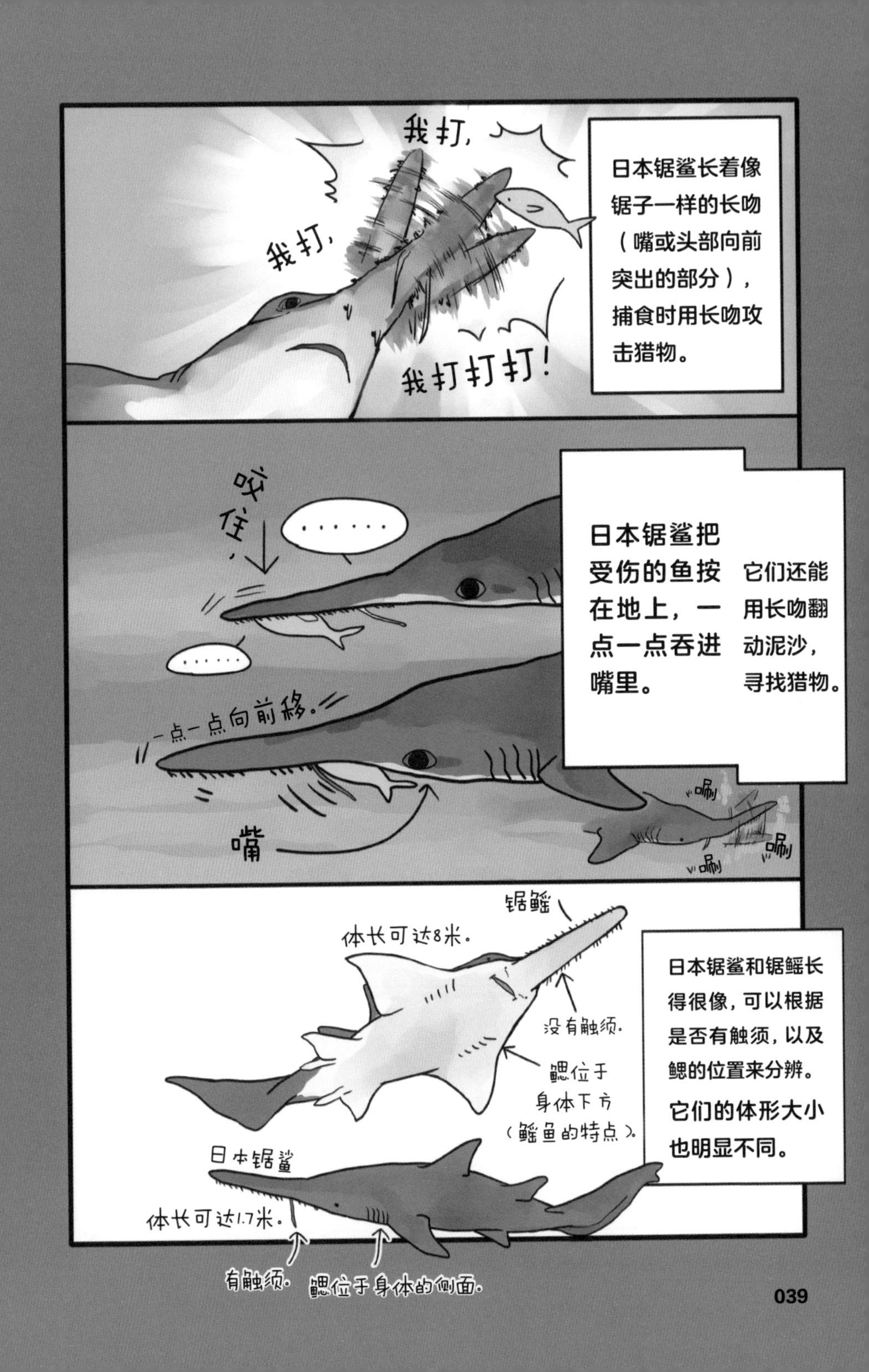

日本锯鲨长着像锯子一样的长吻（嘴或头部向前突出的部分），捕食时用长吻攻击猎物。
我打，
我打，
我打打打！
日本锯鲨把受伤的鱼按在地上，一点一点吞进嘴里。
它们还能用长吻翻动泥沙，寻找猎物。
咬住，
……
……
一点一点向前移。
嘴
唰
唰
唰
日本锯鲨和锯鳐长得很像，可以根据是否有触须，以及鳃的位置来分辨。
它们的体形大小也明显不同。
锯鳐
体长可达8米。
没有触须。
鳃位于身体下方（鳐鱼的特点）。
日本锯鲨
体长可达1.7米。
有触须。
鳃位于身体的侧面。

身体和尾鳍的长度大致相同，
身上有黑色的斑点。

豹纹鲨

Stegostoma tigrinum 豹纹鲨科

●2~3.5米 ▲印度洋到西太平洋的温暖海域、红海 ♥贝类、章鱼和甲壳类动物

豹纹鲨是卵生的，属于底栖鱼类，生活在水深100米以内的大陆架上。

只有雌性就能产卵?

豹纹鲨性情温和，海洋馆里也可以饲养。它们的体长可以达到2米以上，尾鳍非常长。豹纹鲨属于孤雌生殖动物，即原本属于雌雄共同生殖的动物经过进化，变成只有雌性就能完成生殖。

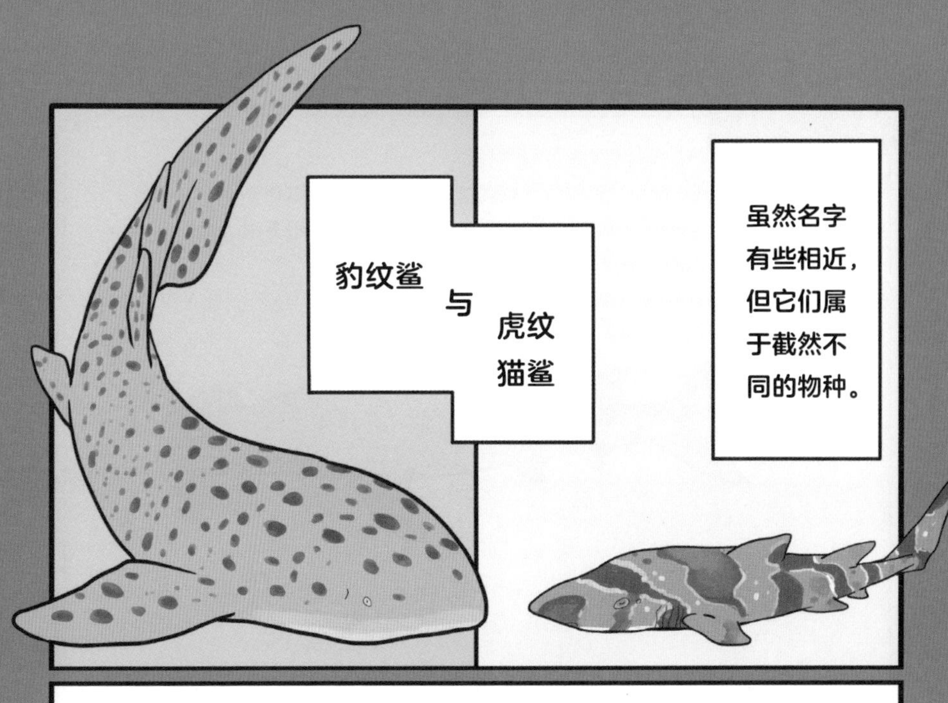

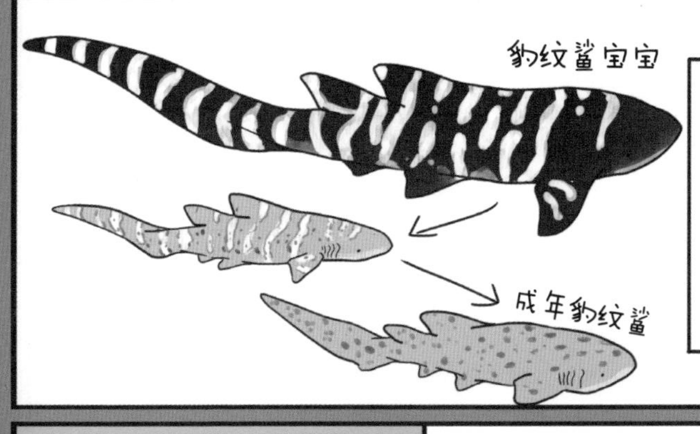

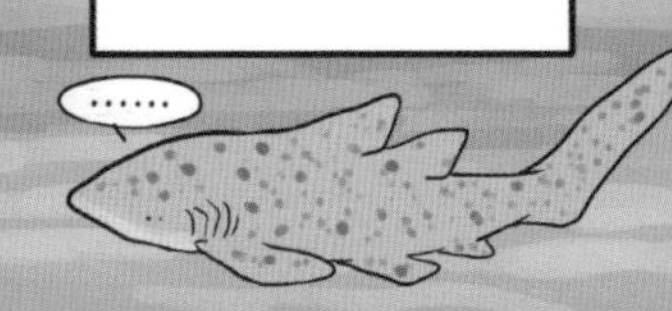

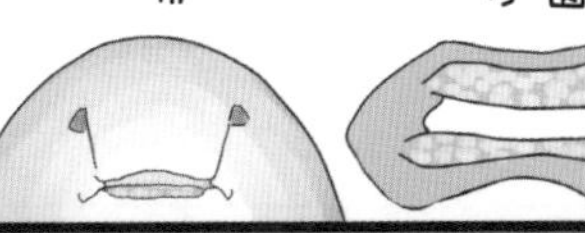

豹纹鲨嘴的形状很适合吸食猎物。

双髻鲨

Sphyrna 双髻鲨科

●4~6米 ▲世界各地的温暖海域 ♥甲壳类动物、章鱼和乌贼等

在双髻鲨锤子形状的头部前方，长着无数个像高精度感应器一样的器官，帮助它们在海底展开地毯式搜索，寻找食物。

喜欢群体行动的鲨鱼

双髻鲨的模样很特别，不仅两眼之间的距离很宽，两个鼻孔也离得很远。大多数鲨鱼都喜欢独来独往，而双髻鲨却是少有的喜欢成群结队一起行动的鲨鱼。双髻鲨的警戒心极强，几乎不会攻击人类，但是由于它们有时出现在浅海，也会遭到人们的驱赶。

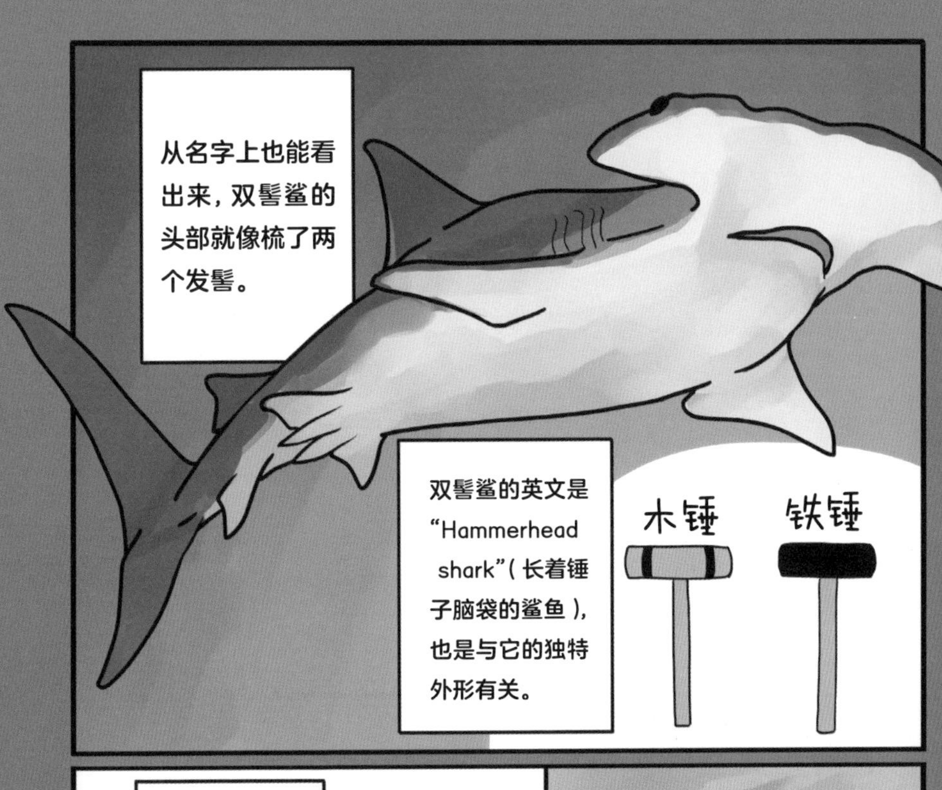

头部的造型给双髻鲨带来了开阔的视野。

与其他鲨鱼相比，它们的劳伦氏壶腹（能够感知猎物发出的电波的器官）要更加发达。

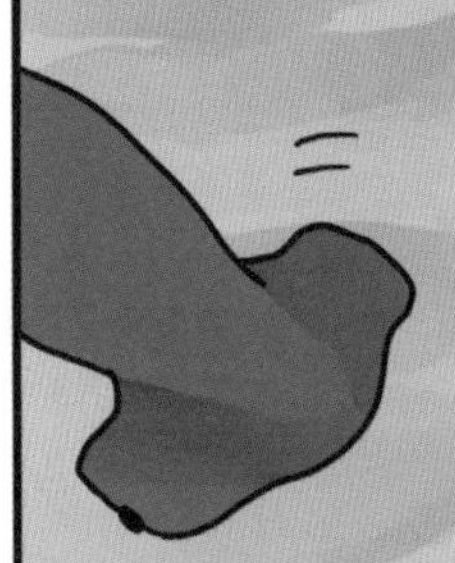

两个鼻孔也离得很远。

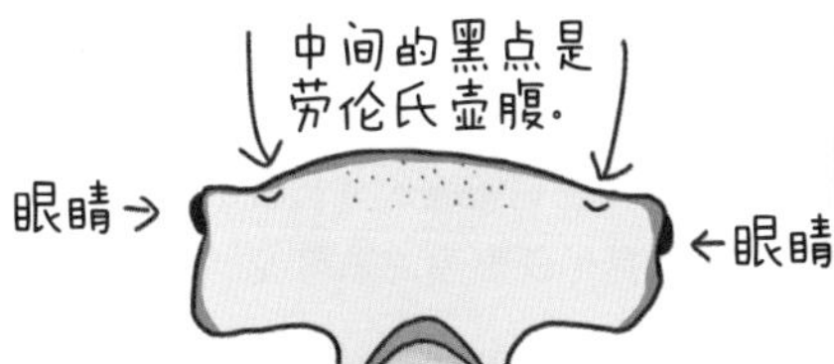

牙齿极其锋利。

鼬鲨

Galeocerdo cuvier 真鲨科

●3.25~4.25米　▲热带及亚热带海域　♥任何食物

鼬鲨喜欢栖息在沿岸水质污浊、视线不清的地方。

见什么咬什么的“超级饭桶”

鼬鲨同大白鲨一样生性凶残。鼬鲨好奇心很强，会主动接近人类，有时也会出于见什么咬什么的天性而攻击人类。它们坚硬的牙齿能将龟壳嚼得粉碎。鼬鲨的吻部比较平，头顶的劳伦氏壶腹清晰可见。

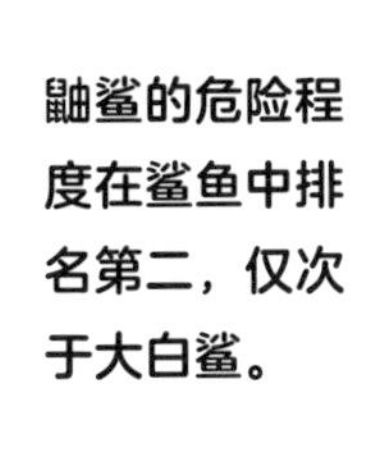

鼬鲨的危险程度在鲨鱼中排名第二，仅次于大白鲨。

它们的英文名字叫作Tiger shark（虎鲨），身上长着标志性条状斑纹。

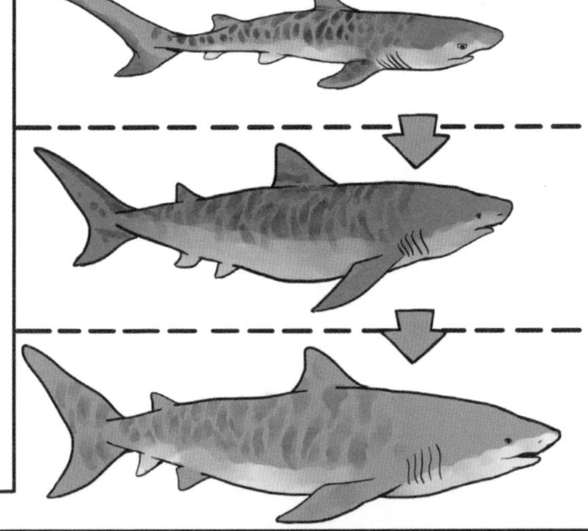

随着身体越长越大，这些条状斑纹会逐渐变浅。

鼬鲨的好奇心极强，会将任何见到的东西都吞进肚子里，

甚至连珊瑚、空罐子、塑料袋等也不放过。

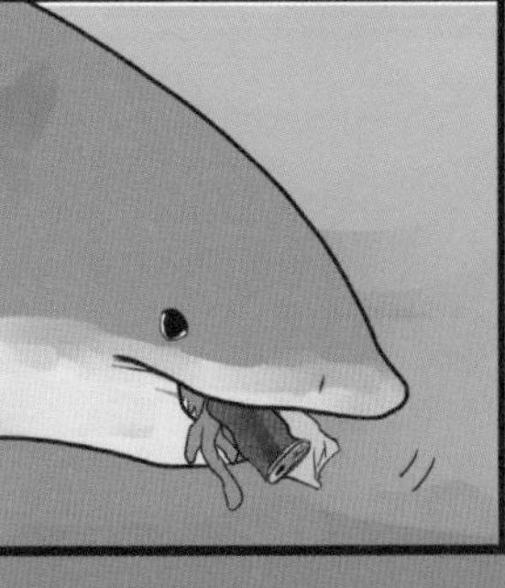

因此鼬鲨也被人们称为“大海里的垃圾箱”。

巨大的嘴可以过滤2000多升水。

姥鲨

Cetorhinus maximus 姥鲨科

●8~10米 ▲世界各地的温带和亚寒带海域 ♥浮游动物等

姥鲨仅次于鲸鲨，是体形第二大的鱼类。

会跳的鲨鱼！

姥鲨是一种大型鲨鱼，体长超过 10 米，性情温和，游得很慢，以浮游生物为食。有时它们会跃出海面，可能是为了抖落身上的寄生虫。与其他鲨鱼相比，姥鲨的鳃裂很大，几乎环绕身体一周。

姥鲨长着一张巨大的嘴，
好像一口就能把人吞下去！

事实并非如此。它们和鲸鲨一样，也是以浮游生物为食。
姥鲨的体形仅次于鲸鲨。

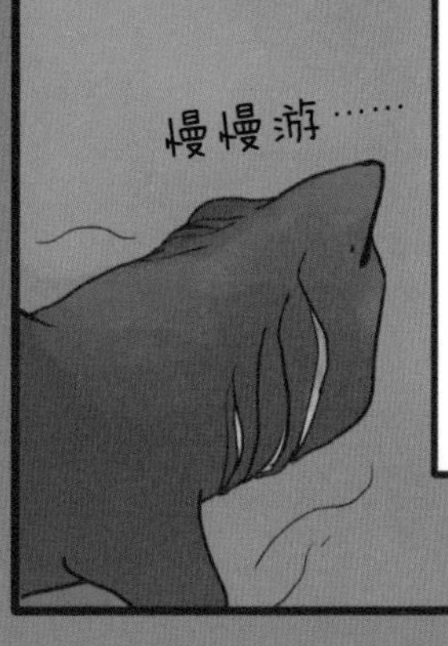
慢慢游……
它们动作非常迟缓，性情也很温和。

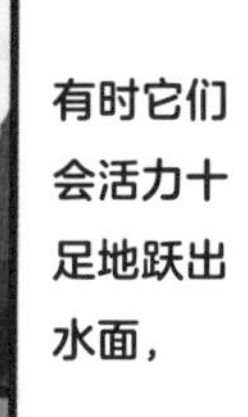
有时它们会活力十足地跃出水面，
据说是想抖落身上的寄生虫。

长着朝向各个方向的锋利牙齿。

锥齿鲨

Carcharias taurus 锥齿鲨科

●2~3米　▲除中东部太平洋以外世界各地的温暖海域
♥鱼类、甲壳类动物和乌贼

锥齿鲨白天静静地待在岩石背后，傍晚开始活动。

虽然模样有点儿可怕……

锥齿鲨能把头露出水面，吸入空气存到胃里。它们总是露出锋利的牙齿，看上去非常可怕，实际上却很温和，深受潜水者的喜爱。除了海洋馆里养的锥齿鲨，日本也有野生的锥齿鲨。

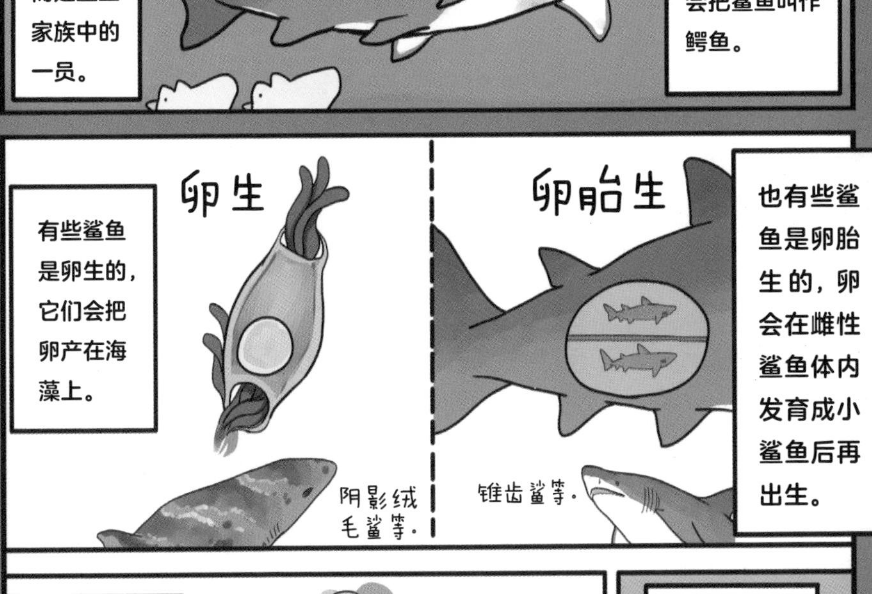

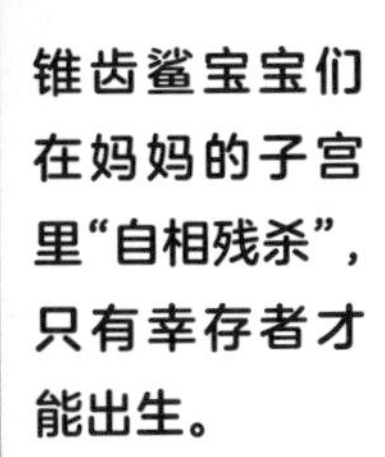

虽然锥齿鲨模样有点儿可怕，但其实性情很温和。

其实我很温柔哟！

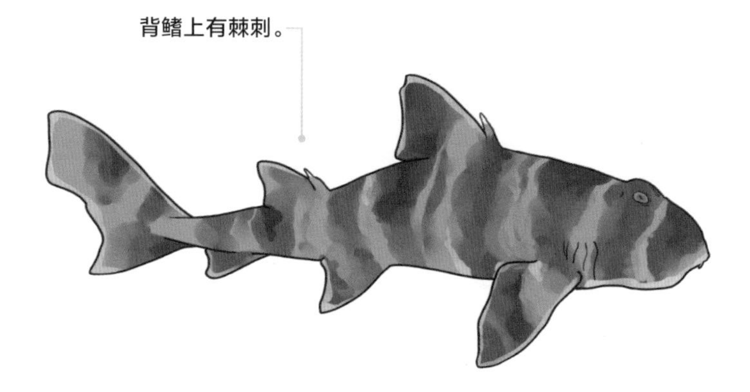

宽纹虎鲨

Heterodontus japonicus 虎鲨科

●1米左右 ▲朝鲜半岛、中国东南部地区 ♥海螺和海胆等

宽纹虎鲨生活在适合海藻生长的浅海。

把卵塞进缝隙里！

宽纹虎鲨属于小型鲨鱼，体长 1 米左右。宽纹虎鲨的卵呈钻头形，它们产卵后会把卵叼到岩石缝隙等处塞进去。刚产下的卵是软的，之后逐渐变硬，卡在缝隙里就不会被水冲走了。宽纹虎鲨的卵需要一年左右的时间逐渐长大，长到约 20 厘米时才会开始孵化。

从正面看，宽纹虎鲨的头跟老虎很像，所以被称为宽纹虎鲨。

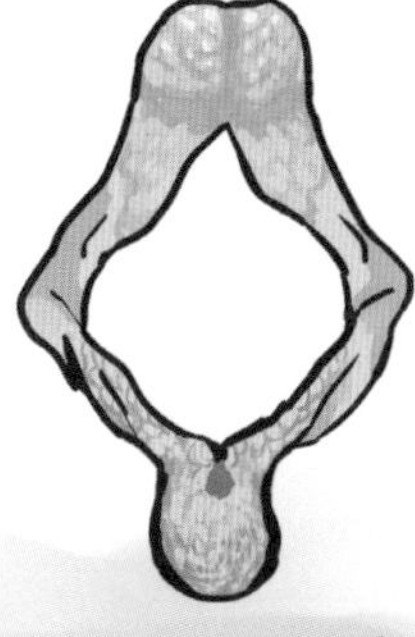

宽纹虎鲨能咬碎蝾螺和贝类的外壳，把肉吃掉。

嚼啊嚼！

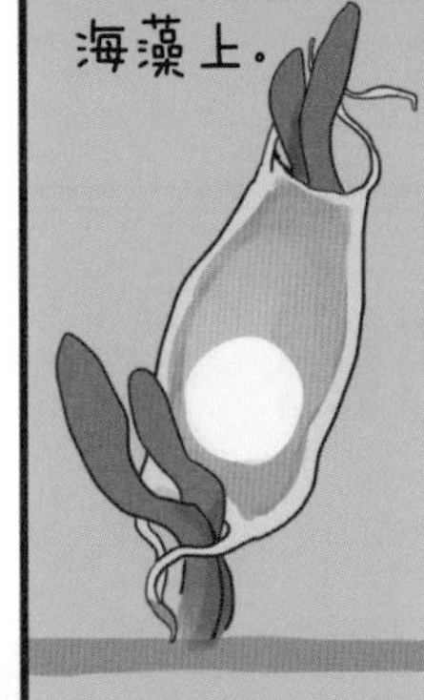

阴影绒毛鲨和虎纹猫鲨的卵形状十分特别，也被称为“美人鱼的钱包”。

把卵产在岩石的缝隙里，避免被冲走。

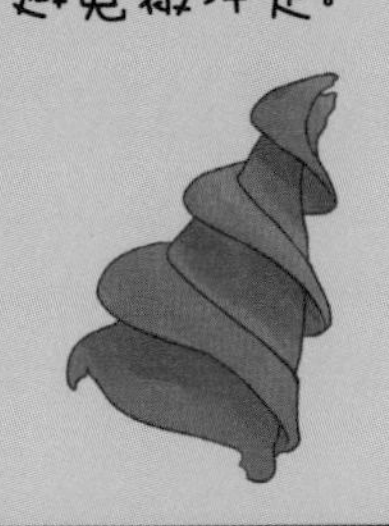

宽纹虎鲨卵的形状也很奇特，竟然是像钻头一样的螺旋形。

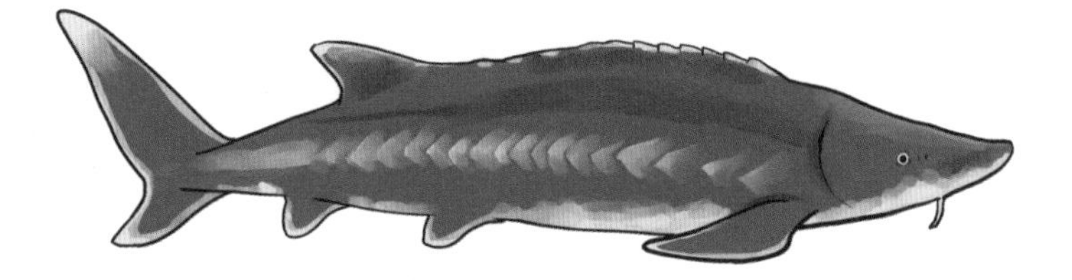

和鲨鱼的特征相似。

中吻鲟

Acipenser medirostris 鲟科

●1.5米 ▲太平洋北部 ♥水底的小动物

有些品种的鲟鱼既可以生活在淡水中，也可以生活在海水中。

看着有点像鲨鱼?

中吻鲟不属于鲨鱼，而是一种硬骨鱼。它们大多生活在河流、湖泊等淡水里，但也有些种类会游到海里，然后游回河流或湖泊里产卵。鲟鱼的鱼子酱非常有名，鱼肉也十分美味。

鲟鱼鱼子酱以美味著称，被誉为**全球三大珍馐之一。**

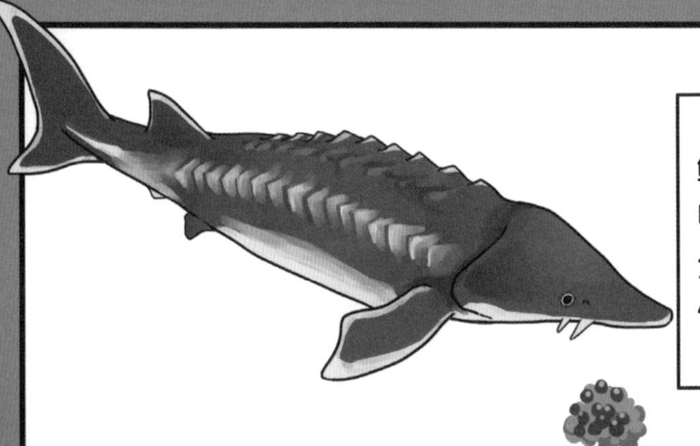

鲟鱼并不属于鲨鱼。

谁啊？

那家伙不是鲨鱼吧？

鲟鱼的嘴长在头部下方，像鲨鱼一样，但没有牙齿，嘴可以伸出来。

它们长着蝴蝶形状的鳞片，与鲨鱼很像，因此日语把它们叫作“蝶鲨”。

鳞

鲟鱼与鲨鱼还有一个区别，那就是鲟鱼已经在地球上存在了3亿年。

此外，鲟鱼有肾脏，所以肉不腥，非常好吃，很多国家的人们都爱吃鲟鱼。

怎么这就说到吃了……

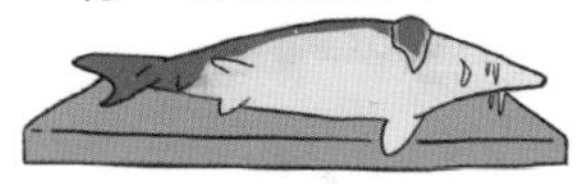

鲨鱼有很强的氨味，一般不能食用。

下巴可以伸出来，
游泳时是缩进去的。

欧氏尖吻鲛

Mitsukurina owstoni 尖吻鲛科

●3.9米 ▲澳大利亚东南部、南非和葡萄牙等 ♥海底的小动物等

欧氏尖吻鲛大多生活在阳光照射不到的深海。

保留着原始身体构造的鲨鱼

很少有人能捕捞到活的欧氏尖吻鲛，不过在日本的骏河湾和相模湾经常能发现它们的身影。欧氏尖吻鲛的双颌十分特别，在捕食时可以迅速伸出来，平时游动时又能缩进去。欧氏尖吻鲛的长吻上有劳伦氏壶腹，能把猎物从沙子中挖出来。

平时游动时，它的双颌是缩进去的，只有在看到猎物时才会伸出来捕食。

哥布林

经常出现在游戏和奇幻作品中的妖怪或鬼怪，起源于欧洲。

欧氏尖吻鲛长相奇特，英文是“Goblin shark”（哥布林鲨）。

它们的吻上布满了劳伦氏壶腹，能感知猎物发出的微弱电波。

对鲨鱼而言，劳伦氏壶腹非常重要。

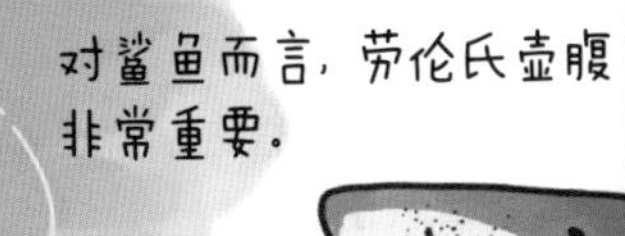

伸出下颌，张大嘴巴，
以浮游生物为食。

巨口鲨

Megachasma pelagios 巨口鲨科

●5~7 米　▲世界各地的热带到温带海域　♥浮游动物等

巨口鲨和欧氏尖吻鲛一样，仍保留着原始形态。

靠吞水进食的鲨鱼

据说巨口鲨生活在深 200 米左右的海里，长着一张标志性大嘴，同鲸鲨、姥鲨一样，以浮游生物为食，属于比较少见的鲨鱼。人们发现的巨口鲨较少，目前还有很多未解之谜，不过日本近海常有人看到或捕获巨口鲨。

巨口鲨长着
一张圆圆的
脸，跟大家
印象中的鲨
鱼不太一样。
巨口鲨也以
浮游生物为
食，在鲨鱼
中比较罕见。
姥鲨
鲸鲨
过去，人们对巨
口鲨知之甚少，
称它们为“梦幻
鲨鱼”。
近几年，人们
在日本屡次发
现巨口鲨。
2020 年 6 月，
有人拍到了正
在游动的巨口
鲨，成了当时
的热门话题。
不过关于巨
口鲨仍然还
有很多未解
之谜。

皱鳃鲨

Chlamydoselachus anguineus 皱鳃鲨科

●约2米 ▲世界各地的深海 ♥海底的小动物和鱿鱼等

皱鳃鲨数量很少，缺少观察的机会，人们对它还不够了解。

深海里的鲨鱼

皱鳃鲨生活在深海，从长相上看不太像鲨鱼。它们的鳃有很多褶皱，就像衣服上的花边。皱鳃鲨的鳃裂特别大，一直长到下颌下方，尤其是第一条鳃裂，几乎环绕身体一周。目前发现的皱鳃鲨数量极少，很少饲养和展出。

皱鳃鲨也叫“拟鳗鲛”，是一种生活在深海里的鲨鱼。

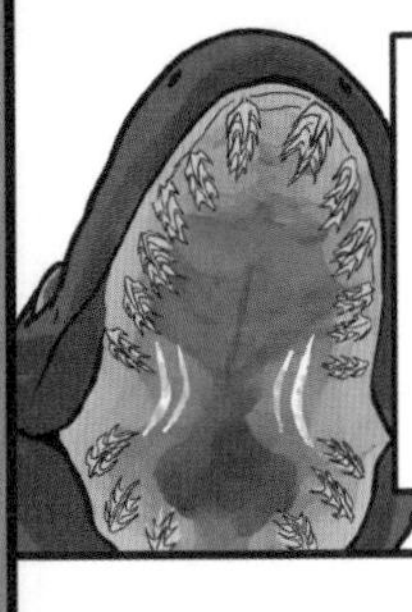

皱鳃鲨的牙齿尖端分叉，不同于其他鲨鱼，

这是远古时代的鲨鱼才有的特征。

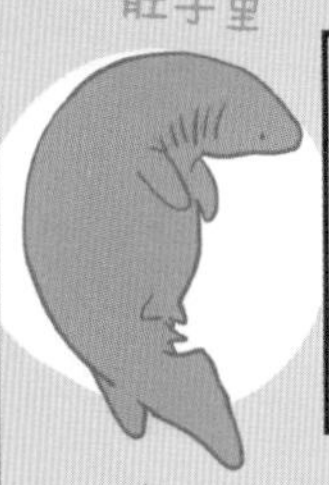

皱鳃鲨是卵胎生，妊娠时间**超过3年。**

人类的妊娠时间为10个月。

普通鲨鱼有 5 对鳃裂，而皱鳃鲨有 6 对。

红色部分就是带褶皱的鳃裂，据说这种结构有助于获得更多的氧气。

皱鳃鲨主要以鱿鱼为食，但是行动迟缓的皱鳃鲨是如何捕捉到身手敏捷的鱿鱼的呢？至今仍是一个谜。

叶须鲨

Eucrossorhinus dasypogon 须鲨科

●1.8 米 ▲澳大利亚北部和新几内亚近海 ♥鱼类、甲壳类动物、乌贼和章鱼等

叶须鲨白天躲在岩石背后等处，伺机捕食猎物。

其实很凶残？

叶须鲨能模拟珊瑚礁的形态，伺机捕食猎物。它们白天似乎不太活动，夜晚才会活跃起来。叶须鲨看似安静温和，但是如果你把手伸到它们面前，就会被它们一口咬住。

叶须鲨的名字和模样都跟其他鲨鱼不太一样。
它们是伪装高手，趴在沙子或者珊瑚礁上很难被发现。
除了身体的颜色能完美融入周围环境，
连嘴边的触须也可以伪装成海藻。
它们静静趴在那里，用触须引诱猎物……
然后突然伸出嘴来，把猎物整吞下去。
叶须鲨甚至可以吞下与自己大小相仿的鲨鱼。

头顶有吸盘，体长超过40厘米之前会吸附在大型鱼类身上，长大后就可以随意游动了。

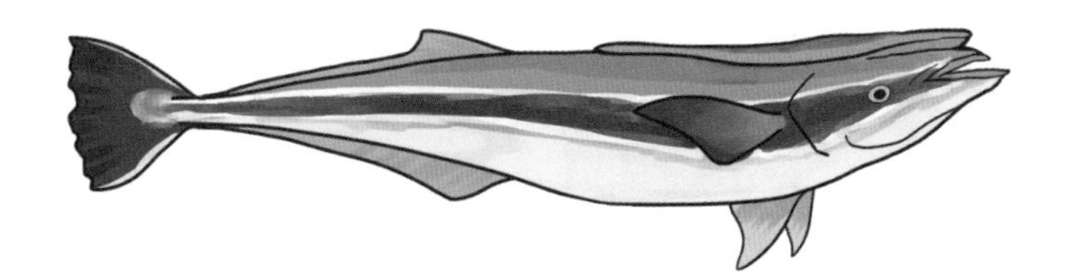

䲟鱼

Echeneis naucrates 䲟科

●约1米 ▲世界各地的温暖海域、地中海 ♥小鱼、虾类和乌贼等

虽然在日本被叫作“小判鲨”，但是䲟鱼属于鲈形目，与鲨鱼没什么关系。

其实可以长很大

鲨鱼是软骨鱼类，而䲟鱼属于硬骨鱼中的鲈形目。市面上买不到䲟鱼，据说它们的白色鱼肉味道很好。䲟鱼经常吸附在体形巨大的鲸鲨或蝠鲼身上，显得很小，但其实它们也属于大型鱼类，体长可以超过 1 米。

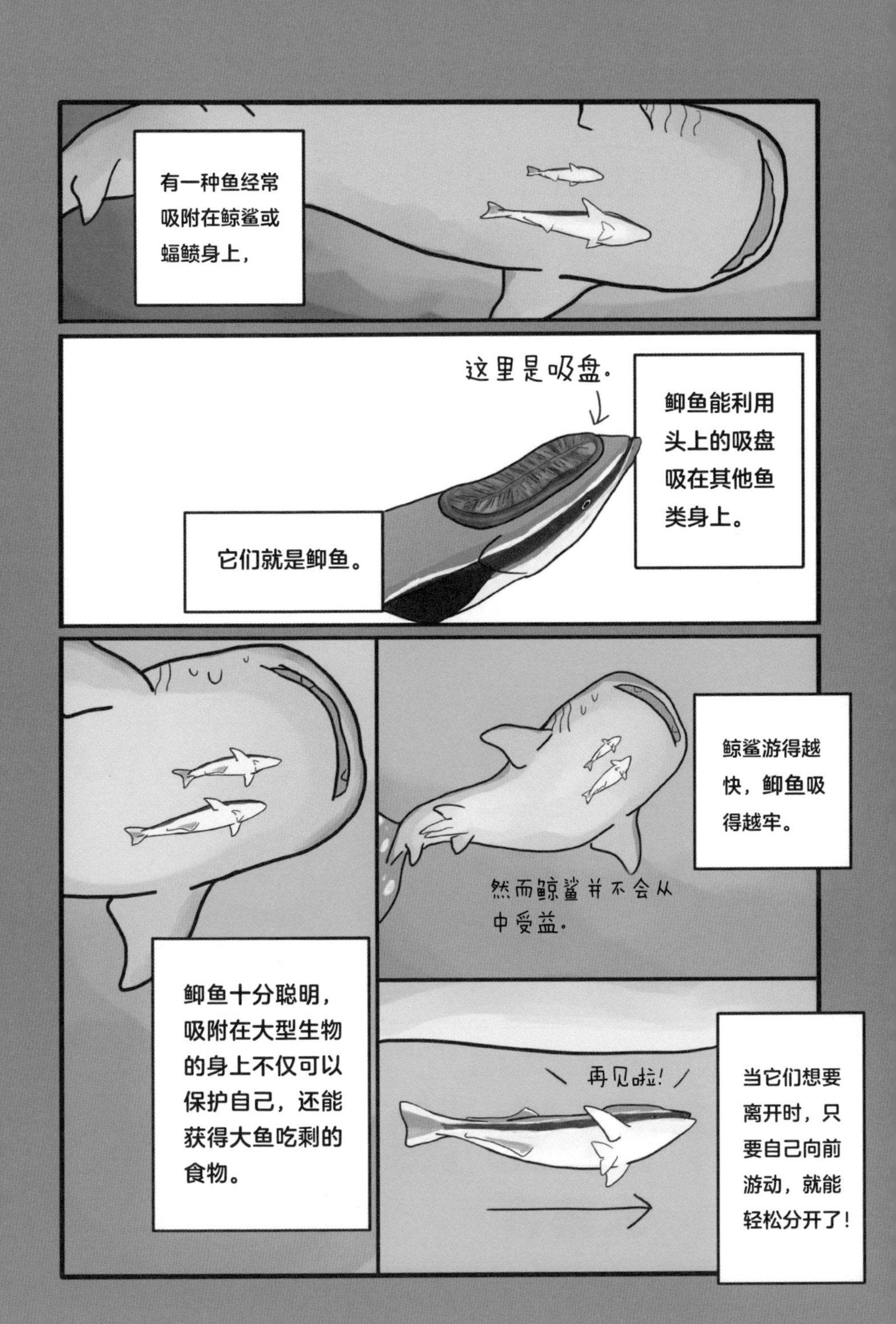
有一种鱼经常
吸附在鲸鲨或
蝠鲼身上，
这里是吸盘。
它们就是鲫鱼。
鲫鱼能利用
头上的吸盘
吸在其他鱼
类身上。
鲸鲨游得越
快，鲫鱼吸
得越牢。
然而鲸鲨并不会从
中受益。
鲫鱼十分聪明，
吸附在大型生物
的身上不仅可以
保护自己，还能
获得大鱼吃剩的
食物。
再见啦！
当它们想要
离开时，只
要自己向前
游动，就能
轻松分开了！

海洋动物爆笑漫画

神奇生物

大集合

第3章

这些都是鲈鱼吗？鲈鱼家族的小伙伴们

身体扁平且细长。

七星鲈

Lateolabrax japonicus　花鲈科

●1米　▲日本各地沿岸、朝鲜半岛南岸　♥小鱼和甲壳类动物

有些鲈鱼幼年时期背部和背鳍上长有黑色斑点，长大就会消失。

无论在河里还是海里，都是人气明星

在日本的关东地区，不同生长阶段的鲈鱼拥有各种不同的名字。它们体形较大，深受垂钓爱好者的喜爱。鲈鱼可以在淡水中生活，有时还可以在河里和入海口见到它们。鲈鱼在夏季味道最好，肉质洁白，清淡可口。

鲈类大家族

鲈鱼深受拟饵*钓鱼爱好者的喜爱。

鲈形目下有1万多种鱼，很多都是比较常见的种类。

真鲷

波纹唇鱼

金枪鱼

鰤鱼

鲣鱼

小丑鱼

鲫鱼

*指外形类似鱼的鱼饵。

哇，有这么多啊……

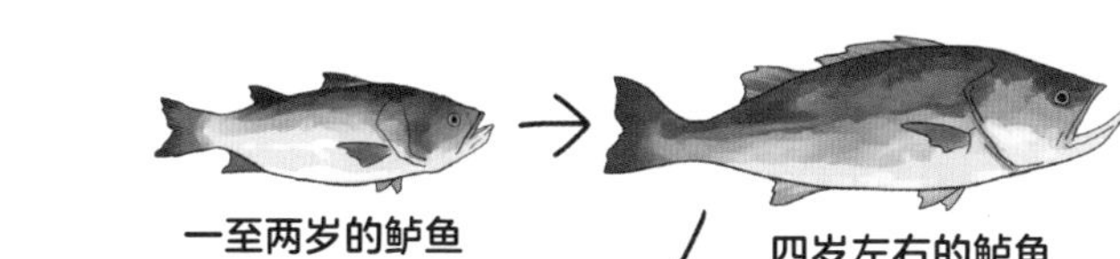

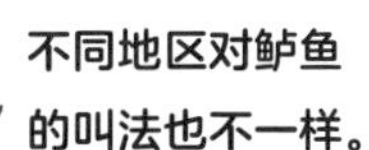

不同地区对鲈鱼的叫法也不一样。

在日本，鲈鱼在不同的成长阶段有不同的名字，味道都很鲜美。

那么为什么鲈鱼的价格并不贵呢？

因为捕捞过程中死掉或者错过了最佳品尝季节的鲈鱼味道会大打折扣。

应季的活鲈鱼价格较高，把它们做成生鱼片或者烤着吃都十分美味。

背部呈深蓝色，腹部呈银白色。

鰤鱼

Seriola quinqueradiata 鲹科

● 1.2 米　▲日本各地沿岸和朝鲜半岛　♥小鱼、甲壳类动物、乌贼和章鱼等

鰤鱼是洄游鱼，游泳的时速可达 40 千米。

鱼肉呈红色都是运动所赐

鰤鱼是洄游鱼，有些鰤鱼会随着规模庞大的鱼群集体行动，也有些鰤鱼会形成中等规模的鱼群，还有一些鰤鱼长期停留在同一片海域。洄游鱼的运动量大，体内含有很多运输氧气的血红蛋白和储存氧气的肌红蛋白，所以鱼肉呈红色，其他鱼的鱼肉则是白色的。不过每条鰤鱼也可能不尽相同。

鱼类知识小测验，又到找不同时间了！

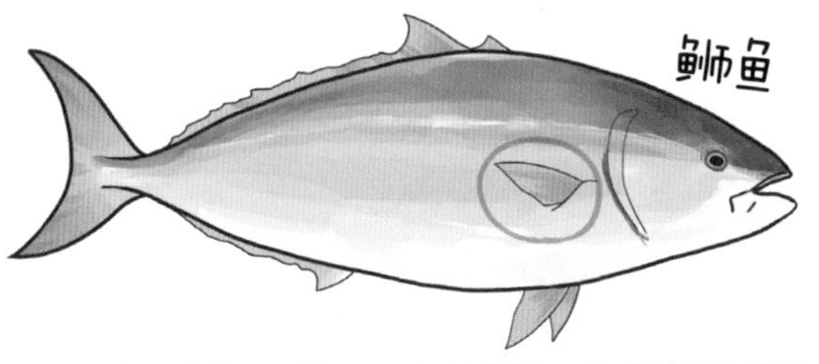

二者最大的区别在于鰤鱼的胸鳍不会碰到黄色的线。

如何区分外形十分相似的鰤鱼和黄尾鰤呢？

黄尾鰤

在日本，鰤鱼从幼鱼长到成鱼的过程中，每长大一点，就会换一个名字。

换名字的原因，大概是从体形变化而来，名字也很多，有小毛鱼、牛头怪、长得快，铁头之类。

我已经懵了。

鰤鱼也在不同的生长阶段拥有不同的名称，而且根据鰤鱼的大小和所在地区的不同，叫法也不一样，十分复杂。

黄尾鰤也属于鲈形目。

总之，这些鱼无一例外，都属于鲈形目。

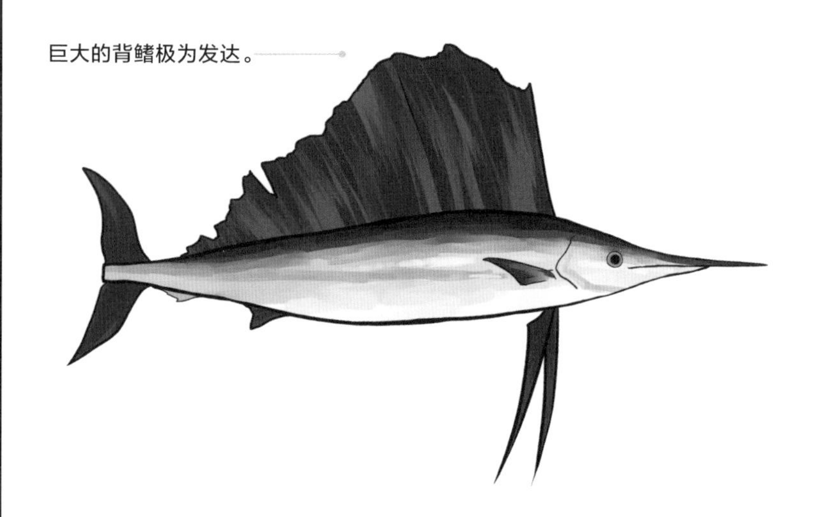

平鳍旗鱼

Istiophorus platypterus 旗鱼科

● 1.7~3.4 米 ▲ 太平洋和大西洋的温暖海域 ♥ 小鱼、甲壳类动物、乌贼和章鱼

平鳍旗鱼属于洄游鱼，不过它们是旗鱼中最喜欢接近岸边的一种鱼。

吻原本并不是武器

平鳍旗鱼的吻又尖又长，虽然它们原本并不想用吻来捕猎，但还是会不小心扎到周围的鱼。这时它们会拼命挥动长吻，将猎物甩下来吃掉。平鳍旗鱼快速游动时，会收起像船帆一样的背鳍，而当它们想威吓其他小鱼或者需要“急刹车”时，则会将背鳍展开。

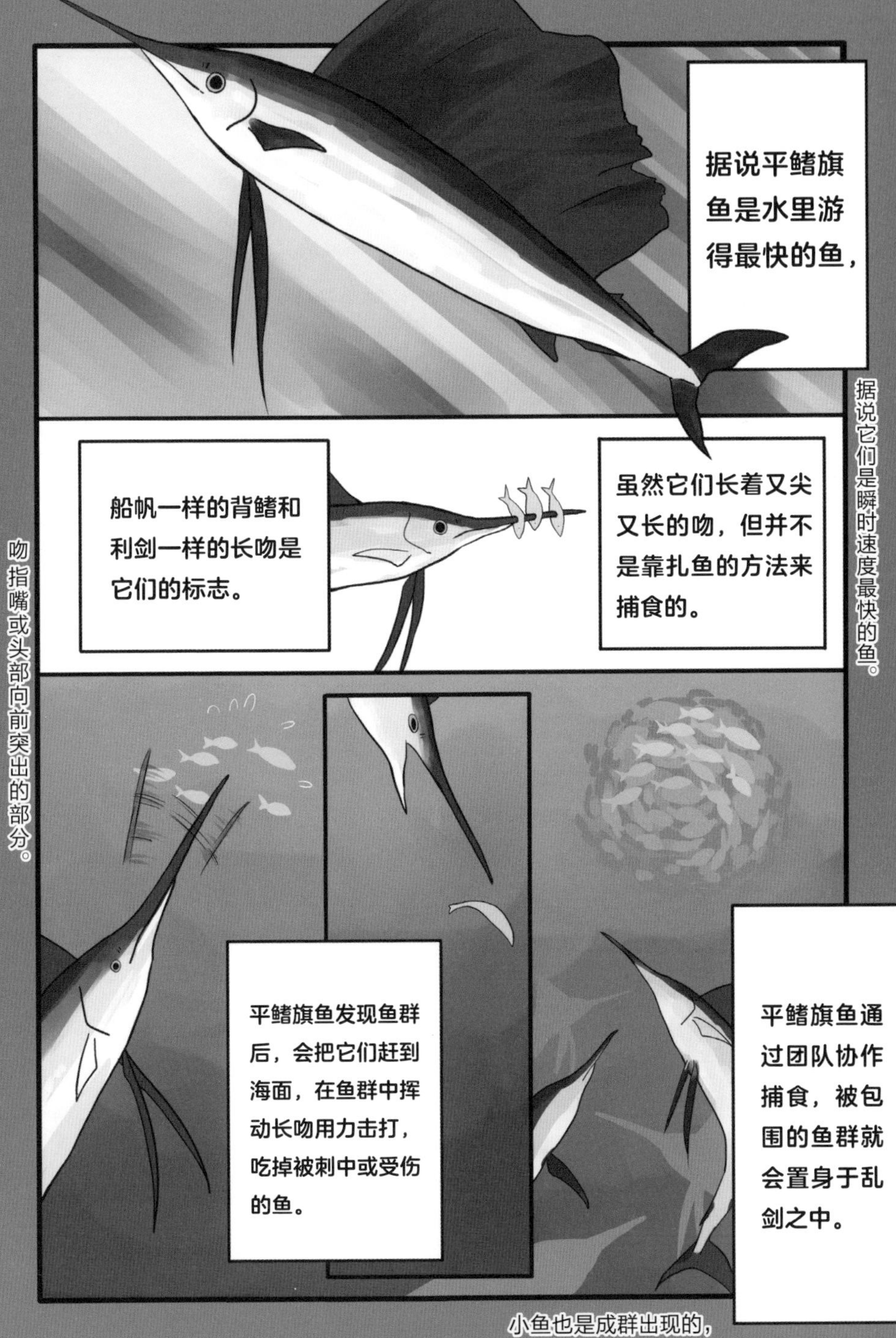

据说它们是瞬时速度最快的鱼。

吻指嘴或头部向前突出的部分。

小鱼也是成群出现的，
所有参与捕食的平鳍旗鱼都能吃到小鱼。

胸鳍很短。

太平洋蓝鳍金枪鱼

Thunnus orientalis 鲭科

●3米 ▲北太平洋和西太平洋 ♥鱼类和乌贼等

太平洋蓝鳍金枪鱼会成群结队地洄游到沿岸附近。

吞拿鱼和金枪鱼是一种鱼吗?

太平洋蓝鳍金枪鱼是大型食用鱼，体长可以达到 3 米。它们停止游动就会死掉，鱼肉是红色的，可以做成生鱼片。吞拿鱼是金枪鱼的统称，鲣鱼也包括在内，不过旗鱼不属于这个家族。

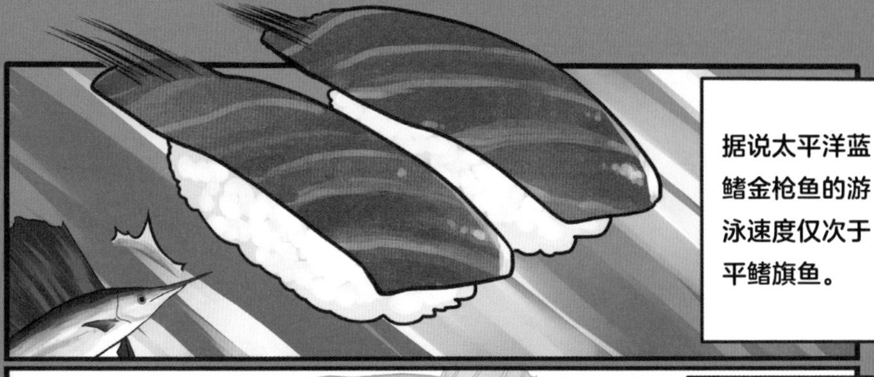

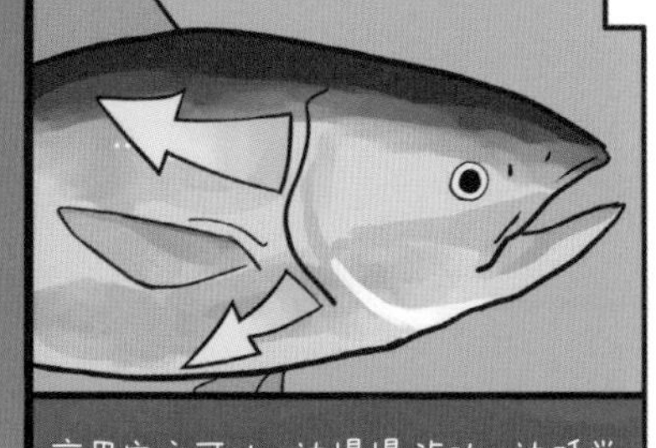

夜里它们可以一边慢慢游动一边睡觉。

Zzz……

大白鲨、鲣鱼和鲕鱼也都采用同样的方式呼吸。

金枪鱼体内含有大量储存氧的肌红蛋白和用来输送氧的血红蛋白，所以鱼肉呈红色。

维持运动需要大量的氧，洄游鱼都有一个共同点，鱼肉是红色的。

鰤鱼和黄尾鰤的鱼肉介于红色和白色之间，是粉红色的。

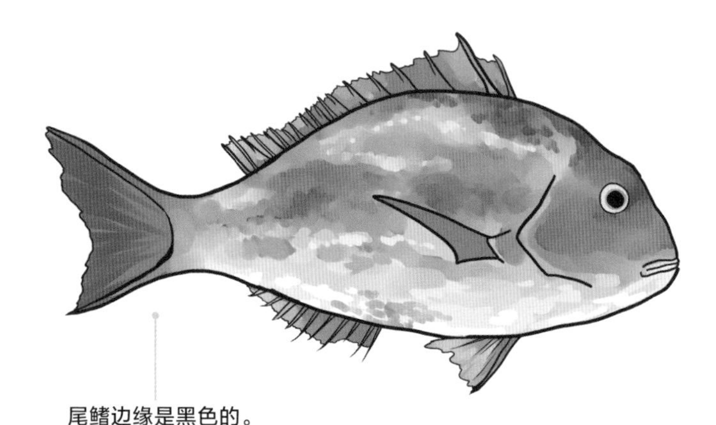

真鲷

Pagrus major 鲷科

●约 1 米 ▲日本近海到东中国海海域 ♥小鱼、甲壳类动物、章鱼和乌贼

真鲷生活在深 20~200 米的海里。

鲷中之王

人们说到鲷鱼，大多是指真鲷。鲷鱼不仅味道鲜美，名字在日语里的寓意也很好，因此深受人们欢迎。真鲷长着锋利的牙齿，以甲壳类动物等为食。它们生活在深 20~200 米的海里，深受钓鱼爱好者的喜爱。很多鱼的日语名字都与鲷鱼相近，但它们并不属于鲷科。

鲑鱼本来也是属于白色肉质的鱼。

体长超过 50 厘米之后就会长出额头，变为雄鱼。

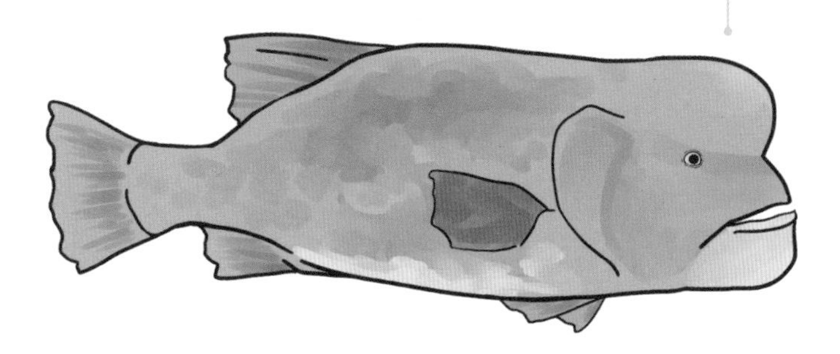

金黄突额隆头鱼

Semicossyphus reticulatus 隆头鱼科

●1 米 ▲日本海、东中国海和南中国海 ♥甲壳类动物、贝类、章鱼和乌贼等

金黄突额隆头鱼通常组成一夫多妻的多雌群体，会守护自己的地盘，擅自闯入的雄鱼会遭到攻击。

它们不是鲷鱼

金黄突额隆头鱼不属于鲷鱼，而是和波纹唇鱼一样，属于鲈形目隆头鱼科。金黄突额隆头鱼可以食用，最佳食用期是冬季，个头儿大一些的金黄突额隆头鱼味道更鲜美。有些雌性金黄突额隆头鱼也会长出突出的额头。

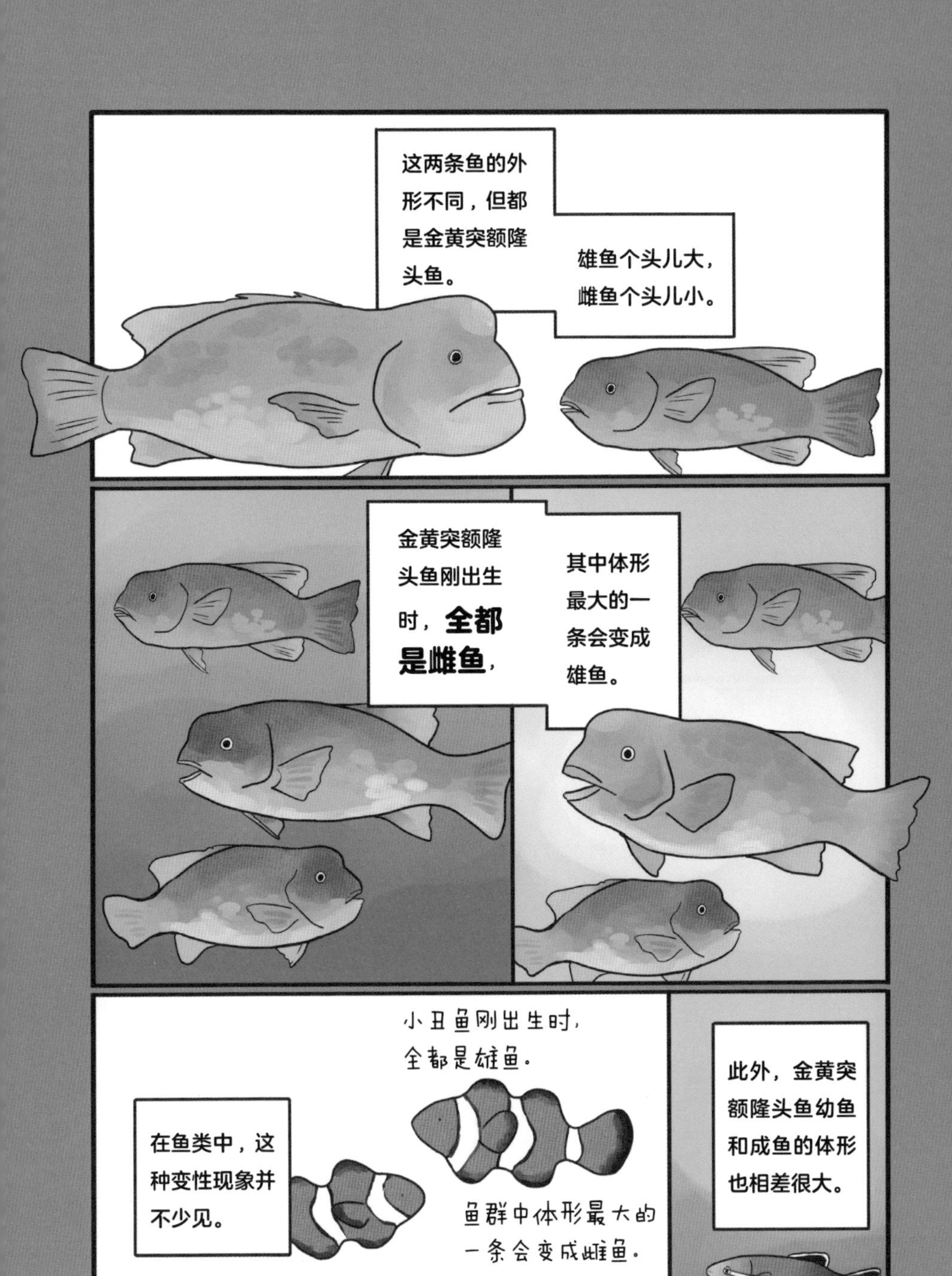
这两条鱼的外形不同，但都是金黄突额隆头鱼。
雄鱼个头儿大，雌鱼个头儿小。
金黄突额隆头鱼刚出生时，**全都是雌鱼**，
其中体形最大的一条会变成雄鱼。
小丑鱼刚出生时，全都是雄鱼。
鱼群中体形最大的一条会变成雌鱼。
在鱼类中，这种变性现象并不少见。
此外，金黄突额隆头鱼幼鱼和成鱼的体形也相差很大。

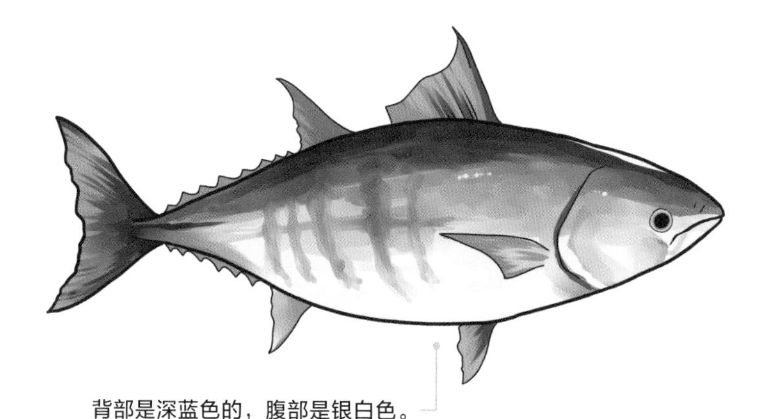

背部是深蓝色的，腹部是银白色。

鲣鱼

Katsuwonus pelamis 鲭科

●1米 ▲世界各地的温带和热带海域 ♥鱼类、甲壳类动物、章鱼和乌贼等

夏季，鲣鱼会北上到日本暖流与千岛寒流交汇的日本三陆海岸附近。到了秋季，千岛寒流势力增强，鲣鱼则会随之南下。

捕食时才会出现的条纹

鲣鱼捕食猎物时，身上会沿着从背部到腹部方向出现横向条纹。而当它们死了以后，身上会出现几条从头部延伸到尾部的黑色纵向条纹（按照鱼头在上、鱼尾在下的方向）。

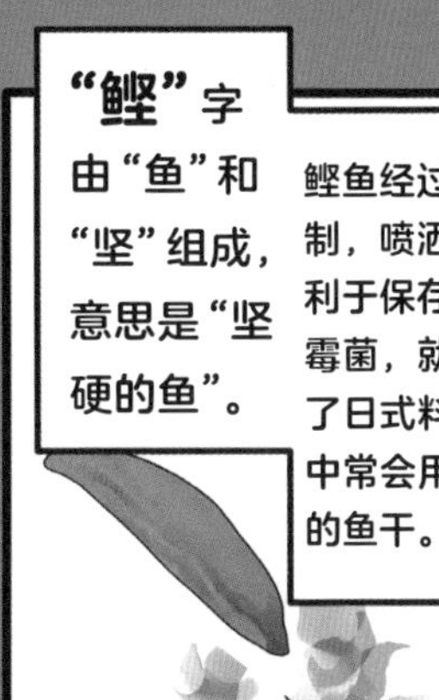

鲣鱼和金枪鱼一样，是洄游鱼，鱼肉是红色的，呼吸方式也一样。

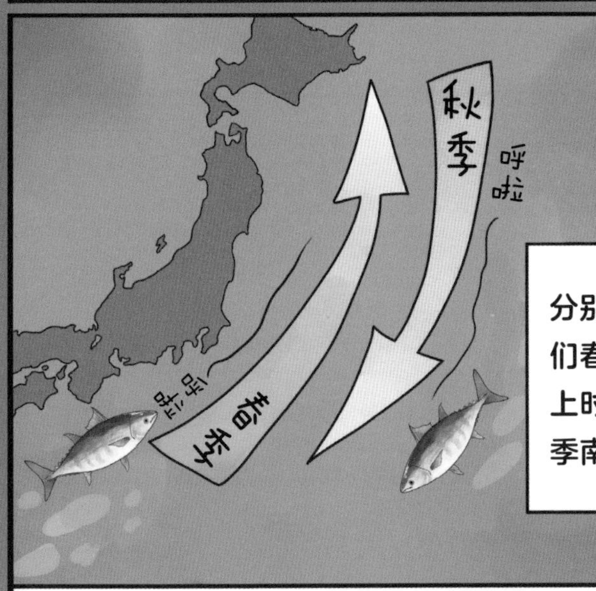

一年当中，鲣鱼的最佳食用期有两次，

分别是它们春季北上时和秋季南下时。

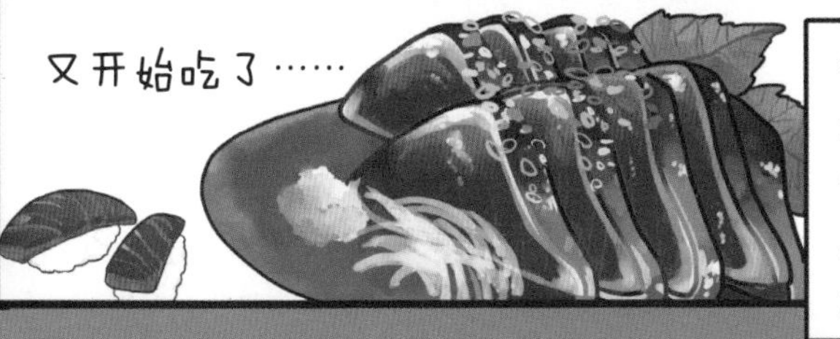

春天的鲣鱼味道较为清淡，而南下的鲣鱼也被称作脯鲣，比较肥美，味道也与之前大不相同。

眼睛的构造与镜子相似，在光线较暗的环境中也能看得清清楚楚。

红金眼鲷

Beryx splendens 金眼鲷科

●50 厘米 ▲世界各地的海洋中 ♥鱼类、甲壳类动物和乌贼等

红金眼鲷属于深海鱼，栖息在深 400~600 米处的深海礁石附近。

红色光无法抵达深海？

红金眼鲷生活在 400~600 米的深海，那里只有极其微弱的光线，红金眼鲷的眼睛也实现了相应的进化。由于这里没有红色光，所以它们看不到红色。在昏暗的海底，红金眼鲷的红色身体在它们的眼里只是一片漆黑。

红金眼鲷是煮鱼和火锅的绝佳食材。

虽然红金眼鲷的名字里也有“鲷”字，但它与真鲷并不是同类。

红金眼鲷属于金眼鲷目，真鲷则属于鲈形目，种类完全不同。

红金眼鲷生活在 400~600 米的深海里，圆圆的眼睛里闪烁着金色的光芒，

这是深海鱼的特征。为了捕捉到微弱的光线，它们的眼睛都进化得十分灵敏。

红金眼鲷的眼睛看上去是金色的，因为它的视网膜后方有反光色素层，可以反射光线，

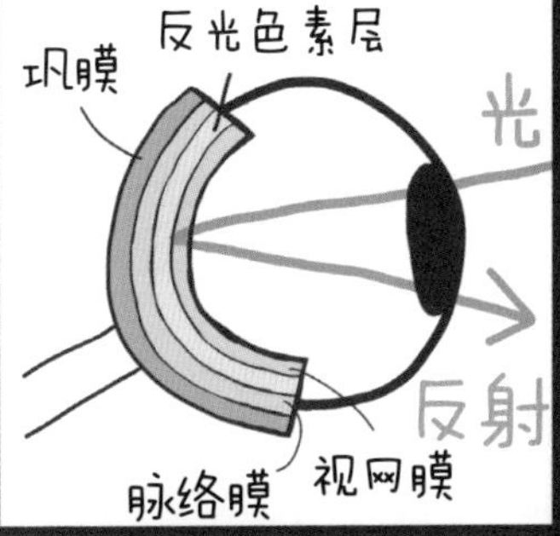

同样实现了眼睛进化的鱼。

帮助它们在微弱的光线下看清周围。猫的眼睛里也有反光色素层，所以会在黑暗中发光。

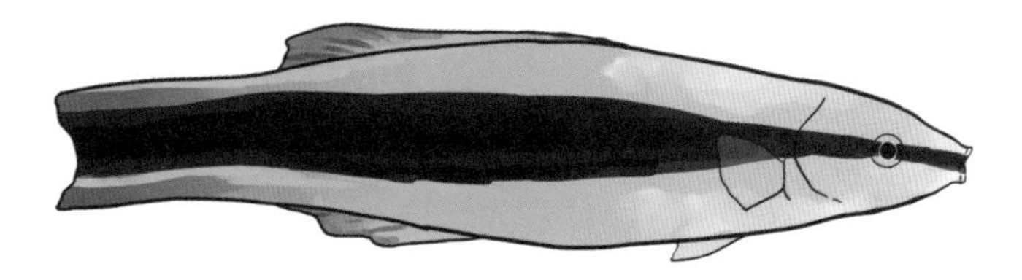

身体的中间有一条黑线。

裂唇鱼

Labroides dimidiatus 隆头鱼科

● 12 厘米 ▲ 印度洋至中部太平洋 ♥ 寄生虫（巨颚水虱）等

裂唇鱼生活在珊瑚礁和岩石附近。

鱼类清洁工

裂唇鱼是鲈形目里的著名清洁工，其他鱼会专程赶来请它们帮助清洁身体。很多鱼类能转变性别，不过裂唇鱼可以双向转变，即变成雄鱼后，还可以再重新变回雌鱼。

裂唇鱼是出了名的鱼类清洁工。

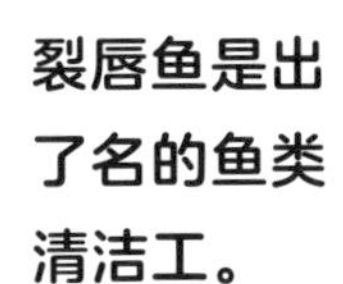

它们能吃掉附着在其他鱼类身上的寄生虫。

有时还会游进其他鱼的嘴里。

裂唇鱼帮助其他鱼摆脱寄生虫的困扰，自己也能饱餐一顿。

这种互利互惠的关系叫作“共生”。

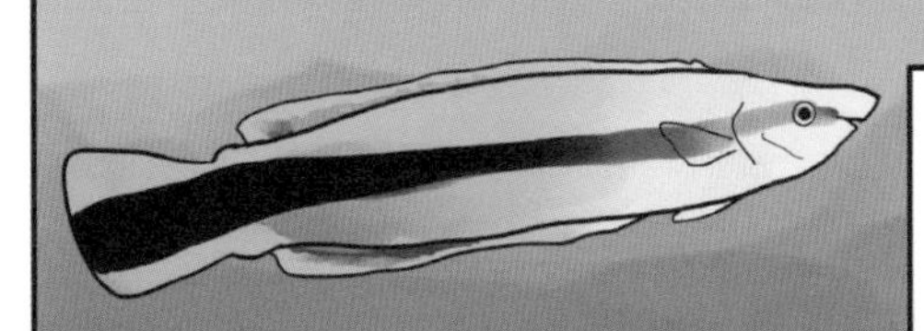

有一种鱼叫作纵带盾齿鳚，长相和裂唇鱼非常相似。

为什么这么像呢？

原来它们要假扮成裂唇鱼，去突袭其他鱼类。

它们是为了捕食猎物而伪装的“冒牌货”。

海洋动物爆笑漫画

神奇生物

大集合

第 4 章

令人惊叹不已的奇异变种！颌针鱼、大马哈鱼和比目鱼家族的小伙伴们

上颌和下颌都又尖又长。

尖嘴扁颌针鱼

Strongylura anastomella 颌针鱼科

●1米 ▲南中国海至俄罗斯东南部 ♥鱼类和甲壳类动物等

尖嘴扁颌针鱼在沿岸海域成群结队地洄游，鱼骨呈蓝色或绿色。

钓鱼时务必小心

尖嘴扁颌针鱼遇到反射的光会突然向前猛冲，甚至能刺穿潜水服，所以在夜间潜水的人要特别注意控制光亮。此外，尖嘴扁颌针鱼的牙齿非常尖利，如果钓鱼时钓到了它们要格外留心，防止摘鱼钩时被咬到。这种鱼的刺很多，但据说味道不错。

海洋里生活着许多危险的生物，

有生性凶残的鲨鱼、含有剧毒的水母，还有其他可怕的家伙，比如……

这种颌针鱼。

你是不是很惊讶？因为它们纤细的身体看上去似乎很柔弱。

然而渔民们却非常害怕它们。因为这种颌针鱼对光特别敏感，遇到光就会猛冲过来。

如果在深夜的海里点亮照明灯，

颌针鱼有可能快速冲过来。人在水中很难躲避，甚至会被它刺穿身体。

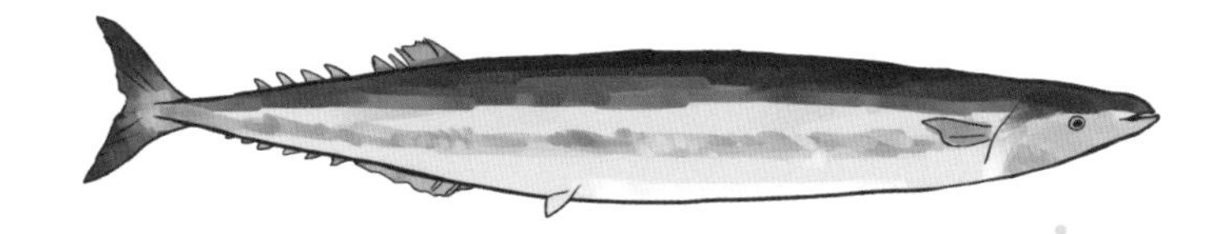

头部很小，又细又长。

秋刀鱼

Cololabis saira 竹刀鱼科

●40 厘米 ▲北太平洋 ♥鱼类、甲壳类动物和浮游动物等

秋刀鱼会随着季节变换在很大范围的海域里洄游。

秋刀鱼的鳞片很容易脱落

秋刀鱼属于洄游鱼，是人们常在秋季食用的代表性鱼类。不过近些年，在日本近海能捕到的秋刀鱼越来越少了。秋刀鱼的鳞片非常容易脱落，在捕捞的过程中就几乎掉光了。偶尔有秋刀鱼把掉下来的鳞片吞下去，人们会在它们的内脏里发现鳞片。

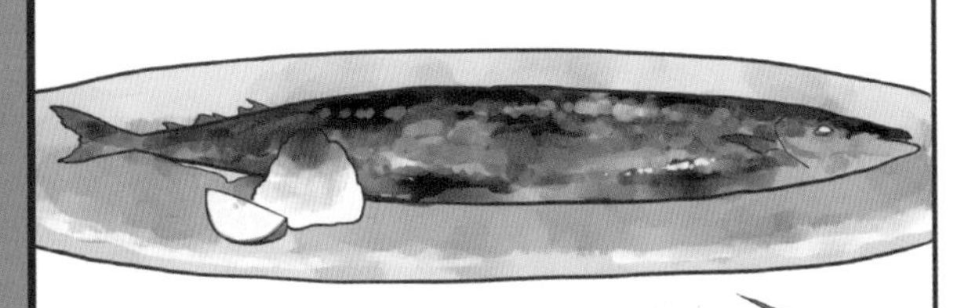

秋刀鱼

属于颌针鱼大家族，顾名思义，它们长得像刀一样。

带鱼也叫“刀鱼”，不过它们属于鲈形目。

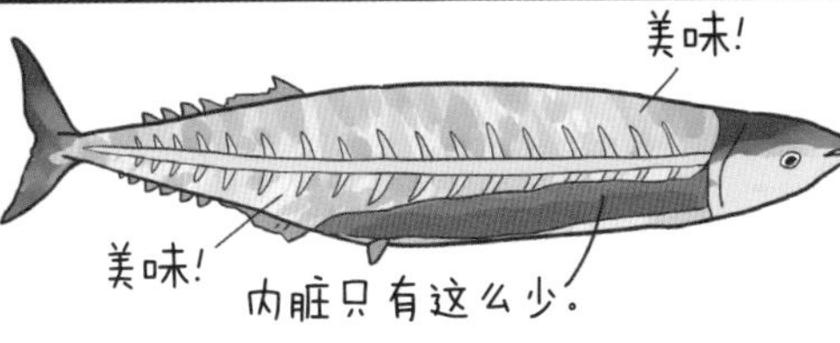

这种鱼叫作无胃鱼。

秋刀鱼**没有胃**，它们吃下去的食物会直接进入肠道。

短短几十分钟内就会被消化和排泄出去，因此秋刀鱼的内脏没有苦味或腥味。

秋刀鱼喜欢聚集在有光亮的地方，渔民常利用这个特点，在夜间捕捞。

夜间捕捞的秋刀鱼没有进食，内脏十分干净，味道特别鲜美。

大马哈鱼

Oncorhynchus ket 鲑科

●1.1米 ▲北太平洋 ♥河流里的水栖生物、海里的磷虾和鱼类等

大马哈鱼在河里出生，游到海里长大，产卵时会重新回到河里。

大马哈鱼的鼻子很灵敏?

在日本，大马哈鱼也叫“秋天的味道”，而其他季节捕获的大马哈鱼则会被叫作“不知时节”。关于大马哈鱼为什么能在产卵时回到自己出生的河流，目前还没有一个科学的解释，有人认为它们是循着气味回来的。

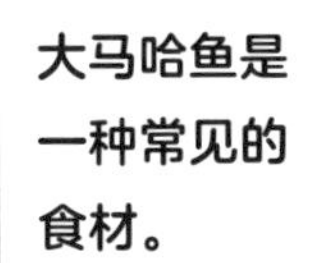

大马哈鱼是一种常见的食材。

大马哈鱼鱼子自不必说，肥美的粉红色大马哈鱼肉也十分好吃。

实际上，大马哈鱼不是红色鱼肉，而是**白色鱼肉**。

与原本就拥有红色鱼肉的金枪鱼和鲣鱼不同，大马哈鱼是因为吃了浮游生物，鱼肉才变成这种颜色的。

鲣鱼

鱼肉是红色的。

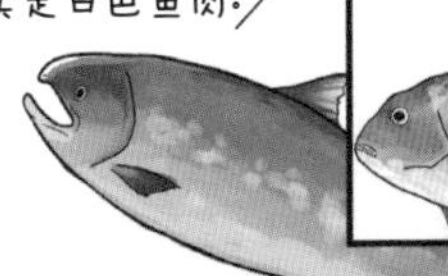

鲷鱼和虾也是因为吃了红色的食物，才长出红色的鳞片和外壳的。

大马哈鱼在河里出生，但是要游到海里才能长大。

等到产卵的时候，它们还要再游回自己出生的河流。

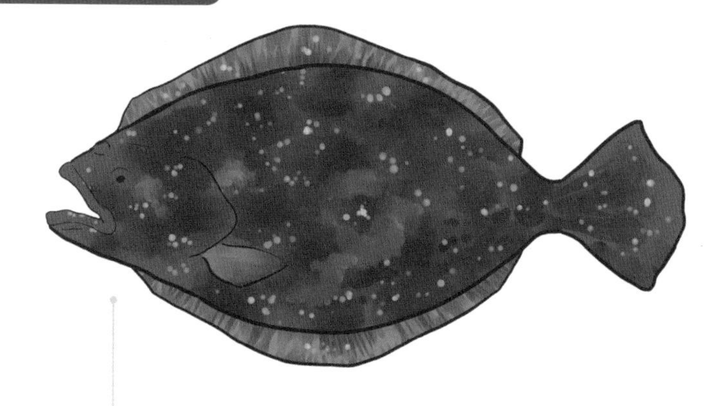

褐牙鲆的两只眼睛都在身体的左侧，鲽鱼的都在右侧。

褐牙鲆、尖吻黄盖鲽

Paralichthys olivaceus / Pseudopleuronectes herzensteini 牙鲆科 / 鲽科

●80 厘米 / 50 厘米 ▲千岛列岛至南中国海 / 黄海至东中国海
♥鱼类和甲壳类动物等 / 虾类、沙蚕（环节动物）等

褐牙鲆生活在深 200 米的海底；尖吻黄盖鲽生活在深 100 米以内的浅海。

嘴的大小体现了捕食的特征

褐牙鲆和尖吻黄盖鲽的嘴巴大小不同，因为它们所吃的食物不同。褐牙鲆经常捕食小鱼和甲壳类动物，所以嘴长得很大，牙齿也十分锋利；而尖吻黄盖鲽则是一边在海底移动，一边捕食小虾和沙蚕。与主动进攻型的褐牙鲆不同，尖吻黄盖鲽要温和得多。

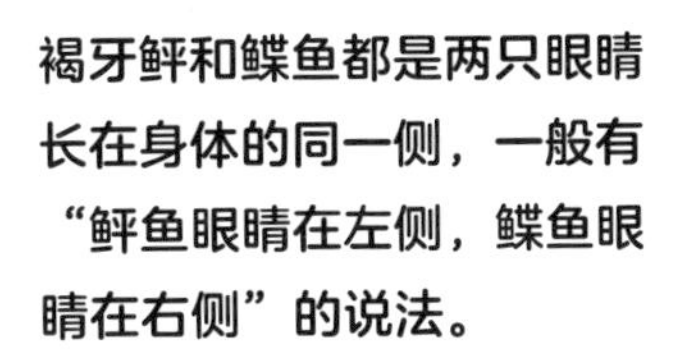

它们小时候也和其他鱼一样，眼睛长在身体的两侧，但随着它们不断成长，眼睛就渐渐移到了同一侧。

褐牙鲆

鲽鱼

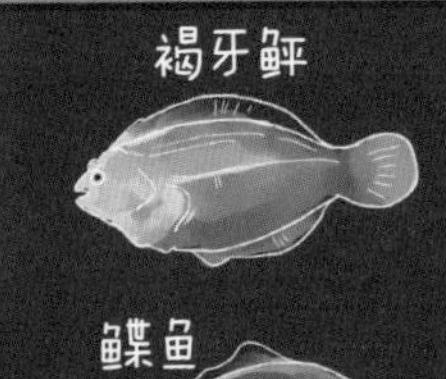

不过“左右分辨法”也会遇到一些例外，让人一头雾水。

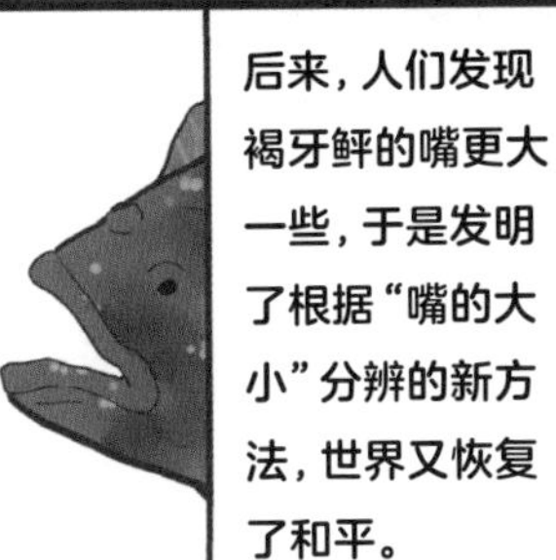

后来，人们发现褐牙鲆的嘴更大一些，于是发明了根据“嘴的大小”分辨的新方法，世界又恢复了和平。

可是好景不长，人们发现了嘴大小和褐牙鲆差不多的鲽鱼，问题又复杂了起来。

星突江鲽：其他国家也发现过眼睛长在右侧的星突江鲽。

静止时看上去和岩石没什么两样。

玫瑰毒鲉

Synanceia verrucosa 毒鲉科

●40 厘米　▲印度洋、西太平洋和红海　♥小鱼、甲壳类动物、章鱼和乌贼等

玫瑰毒鲉生活在海底的珊瑚礁或礁石上。

危险，勿碰！

玫瑰毒鲉生活在温暖海域，不同个体的颜色不同，但都可以拟态成长满苔藓的岩石，静待猎物上门。它们的背鳍、腹鳍和尾鳍上都有毒棘。不过，虽然很危险，玫瑰毒鲉的白色鱼肉却十分鲜美，是珍稀的美味。

这是
岩石吗？
不对，是长
得很像岩石
的家伙。
这种鱼叫作
玫瑰毒鲉，
它们是
褐菖鲉的
小伙伴。
受到惊吓时，它们
会竖起背上的棘。
有毒！
这些棘是有毒的，如果有
人误以为是岩石，不小心
踩到它们，就会受伤肿胀，
甚至丧命。
43℃以上的
热水可以缓
解这种毒性。

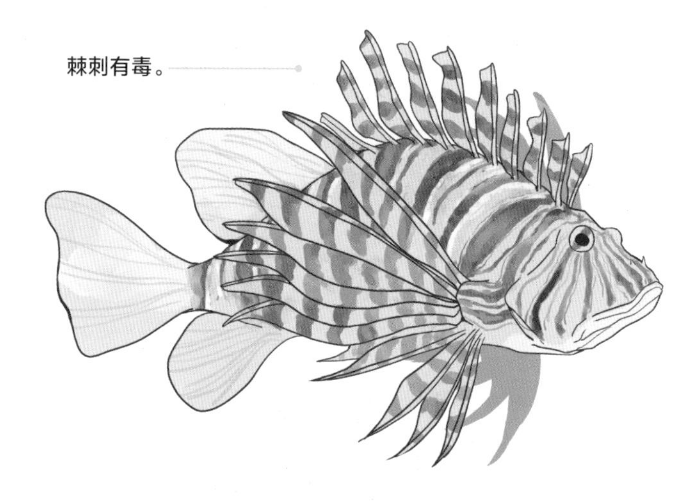

环纹蓑鲉

Pterois lunulata 鲉科

●30 厘米　▲西太平洋　♥小鱼、贝类和甲壳类动物等

环纹蓑鲉生活在礁石浅滩附近，喜欢在夜间活动。

美丽的都是有毒的?

环纹蓑鲉生活在礁石或珊瑚礁上，巨大的胸鳍和背鳍十分引人注目。环纹蓑鲉外形优雅华丽，却是有毒的。它们遇到人类不仅不会逃跑，有时还会发起攻击。环纹蓑鲉的鱼肉是白色的，据说味道很鲜美。在一些海洋馆里也能看到它们的身影。

环纹蓑鲉游泳的样子十分优雅飘逸。
这种美丽的鱼生活在珊瑚礁附近，不过它们的鳍棘是有毒的。
除了背鳍，腹鳍和臀鳍上的尖刺也有毒。
鲜艳夺目的外表可以警告周围自己是有毒的，这种色彩叫作“警告色”。
海蛞蝓的颜色也很艳丽。
环纹蓑鲉和翱翔蓑鲉长得很像，可以通过尾鳍和腹鳍上是否有条纹来分辨。
没有条纹。
有条纹。
下颌是白色的。
下颌上有条纹。
环纹蓑鲉
翱翔蓑鲉

下颌的力气很大，把手指放进它们的嘴里非常危险。

红鳍东方鲀

Takifugu rubripes 四齿鲀科

●70 厘米 ▲黄海至东中国海 ♥鱼类、贝类和甲壳类动物等

红鳍东方鲀在深 200 米以内的浅海群居生活。

毒性无处不在

红鳍东方鲀是一种体形较大的四齿鲀科鱼类，体长可达 70 厘米，据说也是最美味的一种鱼类。但是，它们含有河豚毒素，十分危险。不同种类的鲀科鱼类，身上有毒的部位也不一样。不过无论是哪一种，卵巢和肝脏都最好不要食用。

大家都知道河豚有毒。

这种毒素叫作河豚毒素，河豚以外的其他生物身体里也可能有这种毒素。

在不同种类的鲀科鱼身上，含有毒素的位置和毒素的强弱程度不同，只有经过专业训练的人才能处理河豚。

河豚毒素会阻断神经的传导。

中毒的人会出现嘴唇和舌尖发麻、呕吐、头痛等症状，身体不能自如活动，话也说不清楚。

这会导致神经信号无法正常传导，引发麻痹和呼吸困难。

河豚的毒素并不是与生俱来的，而是在体内逐渐形成的。

野生河豚食用带有细菌的贝类会形成毒素。现在人们已经研究出了人工饲养无毒河豚的方法。

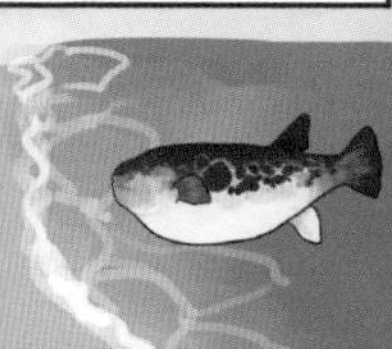

河豚感到危险时，会从体表释放毒素来保护自己。

为了获得毒素带来的快感，海豚会故意去骚扰河豚。

长着标志性的圆形鳍。

矛尾鱼

Latimeria chalumnae 矛尾鱼科

●2米 ▲非洲东南部 ♥鱼类等

科学家们认为，矛尾鱼处于从鱼类向两栖动物和陆生动物进化的初级阶段。

倒立游泳的"活化石"?

原以为矛尾鱼已经完全灭绝，结果发现了活的矛尾鱼，故它又被称为“活化石”，我们不会在海洋馆里看到活着的矛尾鱼。据说它们可以倒立着游泳和进食，还听说它们的肉非常难吃。

矛尾鱼是著名的“活化石”，人们之前一直以为它们早在 6500 万年前就已经灭绝了。

与其他鱼类不同，矛尾鱼没有脊骨，而是长着一根管状脊柱，里面充满了像油一样的体液。

脊柱

矛尾鱼的名字在古希腊语中具有“空空的”和“鱼骨”两个词组合而成的含义。

在目前发现的矛尾鱼中，最著名的是以发现地点和发现者的名字命名的一个品种。

尾鳍几乎不动，用胸鳍像走路一样游动。

它们会不会是因为太难吃，才得以活到今天的呢……

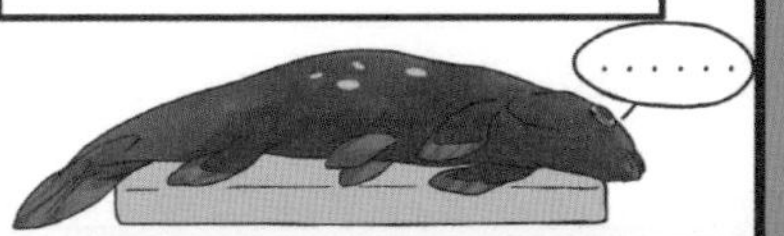

大鳍后肛鱼

Macropinna microstoma 后肛鱼科

●15 厘米　▲北太平洋　♥水母等

大鳍后肛鱼生活在 400~800 米的深海里。

绿色具有遮光的作用

大鳍后肛鱼是一种神奇的深海鱼类，为了更好地观察上方的情况，它们进化出了透明的头部。它们长着绿色的眼睛，能像过滤器一样滤掉阳光，以便更好地分辨出水母等发出的生物荧光。

大鳍后肛鱼看上去似乎是微微低着头……

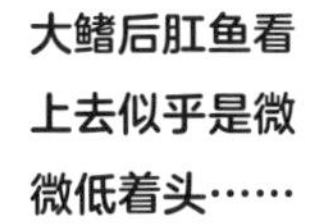

事实并非如此，它们其实是一直向上看的。

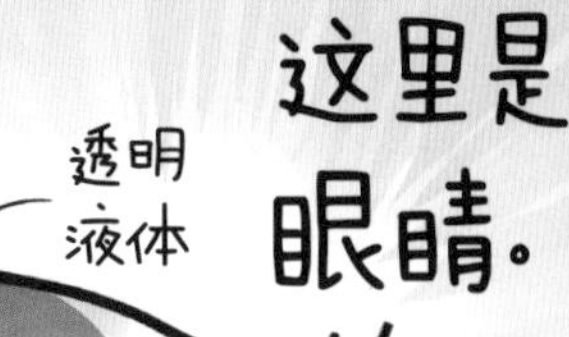

大鳍后肛鱼为什么要一直向上看呢？ 200 米以下的深海确实很黑，不过也有少许的阳光照下来。因此，猎物只要在上方游过，就会投下影子。

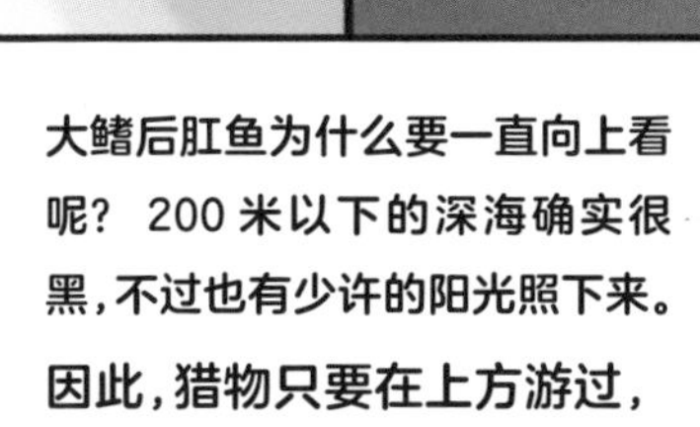

为了生存，大鳍后肛鱼干脆把头进化成了透明的！

要捕食猎物或者需要看前方时，它们的眼睛会转向前方。

海洋动物爆笑漫画

神奇生物

大集合

第5章

孩子们的最爱！
鳐鱼、章鱼和乌贼等

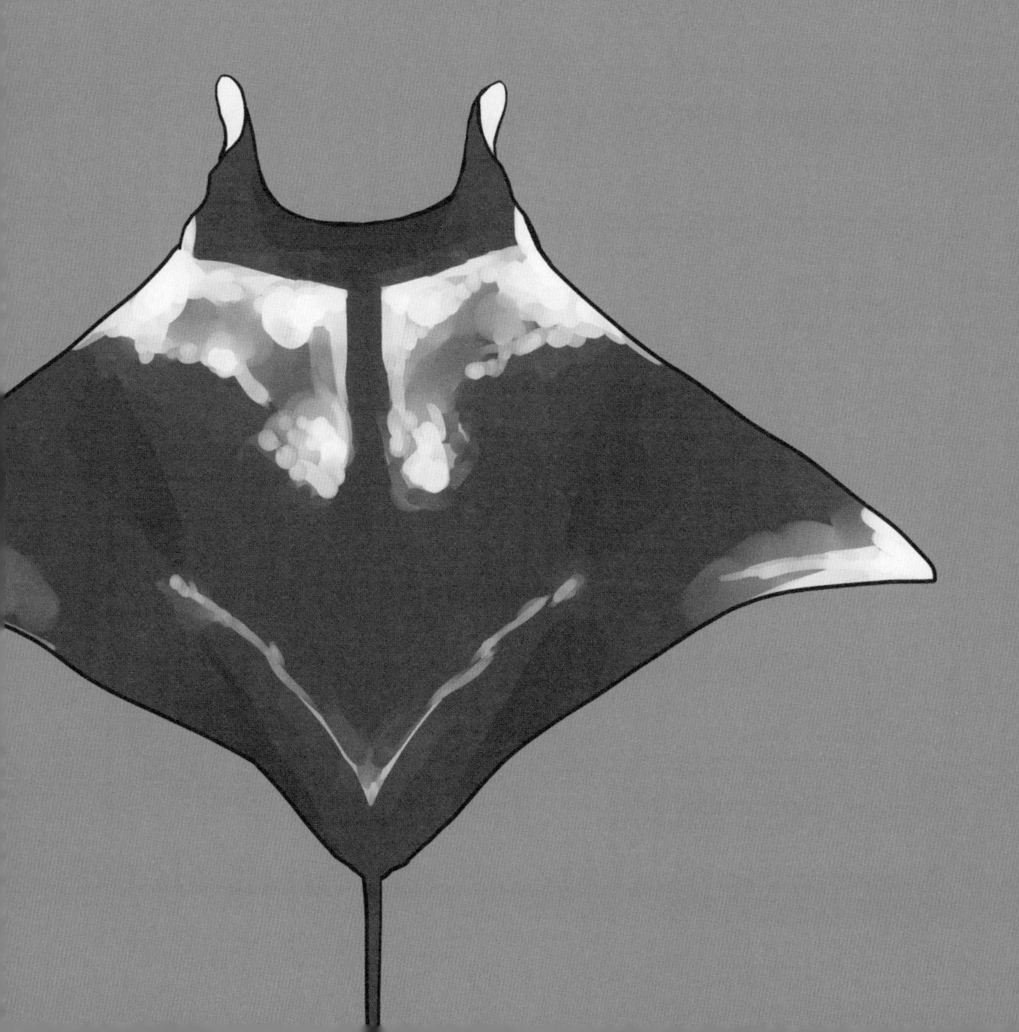

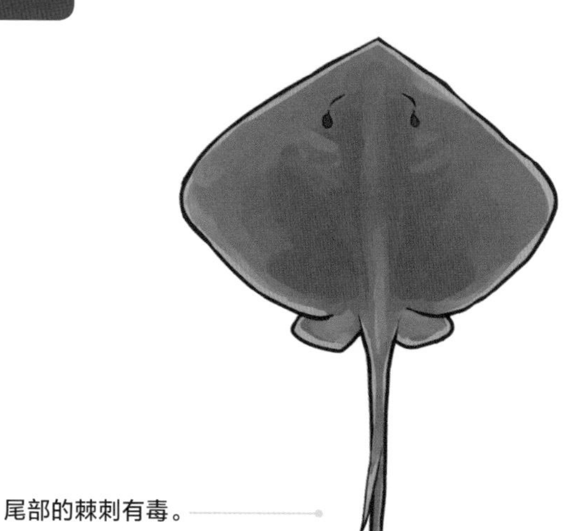

赤魟

Dasyatis akajei 魟科

●1.2 米 ▲南中国海至俄罗斯东南部 ♥小鱼、贝类和甲壳类动物等

赤魟平时会钻到海底的泥沙中栖息。

不小心踩到就惨了！

赤魟生活在泥滩，在日本的海滨浴场里也有可能出现，所以一定要小心，千万不要踩到藏在沙子下面的赤魟。赤魟以贝类和甲壳类动物为食，在海洋馆中也可以看到。

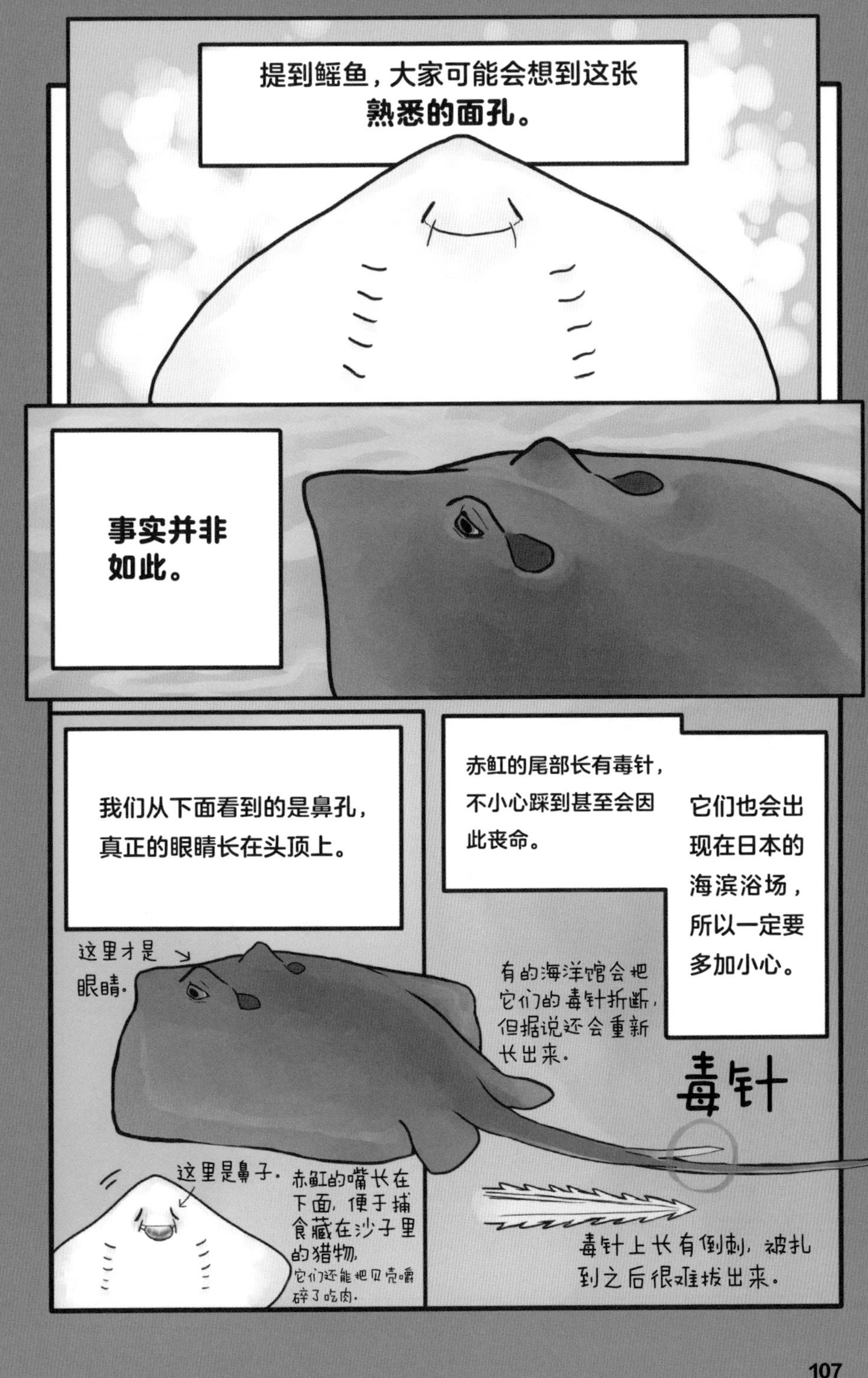
提到鳐鱼，大家可能会想到这张
熟悉的面孔。
事实并非
如此。
我们从下面看到的是鼻孔，
真正的眼睛长在头顶上。
赤魟的尾部长有毒针，
不小心踩到甚至会因
此丧命。
它们也会出
现在日本的
海滨浴场，
所以一定要
多加小心。
这里才是
眼睛。
有的海洋馆会把
它们的毒针折断，
但据说还会重新
长出来。
毒针
这里是鼻子。
赤魟的嘴长在
下面，便于捕
食藏在沙子里
的猎物。
它们还能把贝壳嚼
碎了吃肉。
毒针上长有倒刺，被扎
到之后很难拔出来。

长有标志性的白色斑点。

斑点鹞鲼

Aetobatus narinari 鹞鲼科

●2米 ▲世界各地的温暖海域 ♥鱼类、贝类和甲壳类动物等

斑点鹞鲼成群结队地栖息在珊瑚礁和礁石附近。

令人印象深刻的独特造型

与赤虹和前口蝠鲼相比，斑点鹞鲼最大的特点是长着一个尖尖的鼻头。它们能像翱翔的鹞鹰一样在水中游动，鹞鲼的名字就是这样来的。斑点鹞鲼的牙齿十分坚固，能把贝壳嚼碎。同赤虹一样，斑点鹞鲼的尾部也长有毒刺。

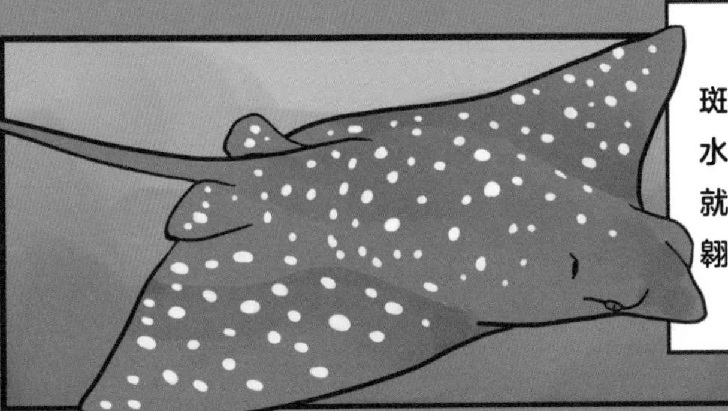

斑点鹞鲼在水中游动，就像在振翅翱翔。

在海洋馆里也能看到它们的身影。

斑点鹞鲼在海底的泥沙中嗅到贝类和螃蟹的气味，就会用嘴喷水挖开泥沙。

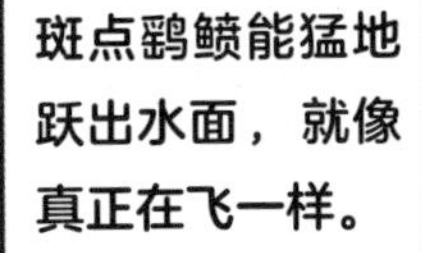

斑点鹞鲼能猛地跃出水面，就像真正在飞一样。

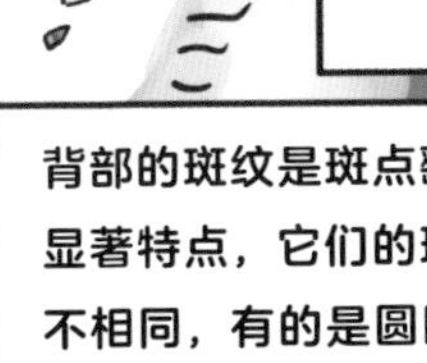

它们把贝壳嚼碎，边游边吃掉里面的肉，再把碎壳吐出来。

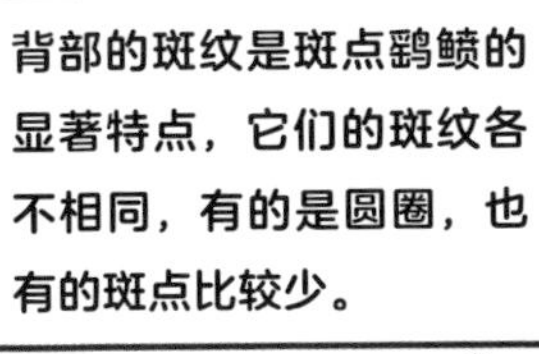

背部的斑纹是斑点鹞鲼的显著特点，它们的斑纹各不相同，有的是圆圈，也有的斑点比较少。

双吻前口蝠鲼

Manta birostris 蝠鲼科

●5米 ▲世界各地的温暖海域 ♥浮游动物等

它们有一对特殊的鳍，形状很像锅铲，叫作“头鳍”。

蝠鲼的嘴长在头上

蝠鲼是世界上最大的鳐鱼。过去人们曾经把日本蝠鲼和双吻前口蝠鲼视为同种，近年来开始划分成不同类别。鳐鱼的嘴位于身体的下方，而蝠鲼的嘴则长在头上，两个像耳朵一样的部位叫作“头鳍”。

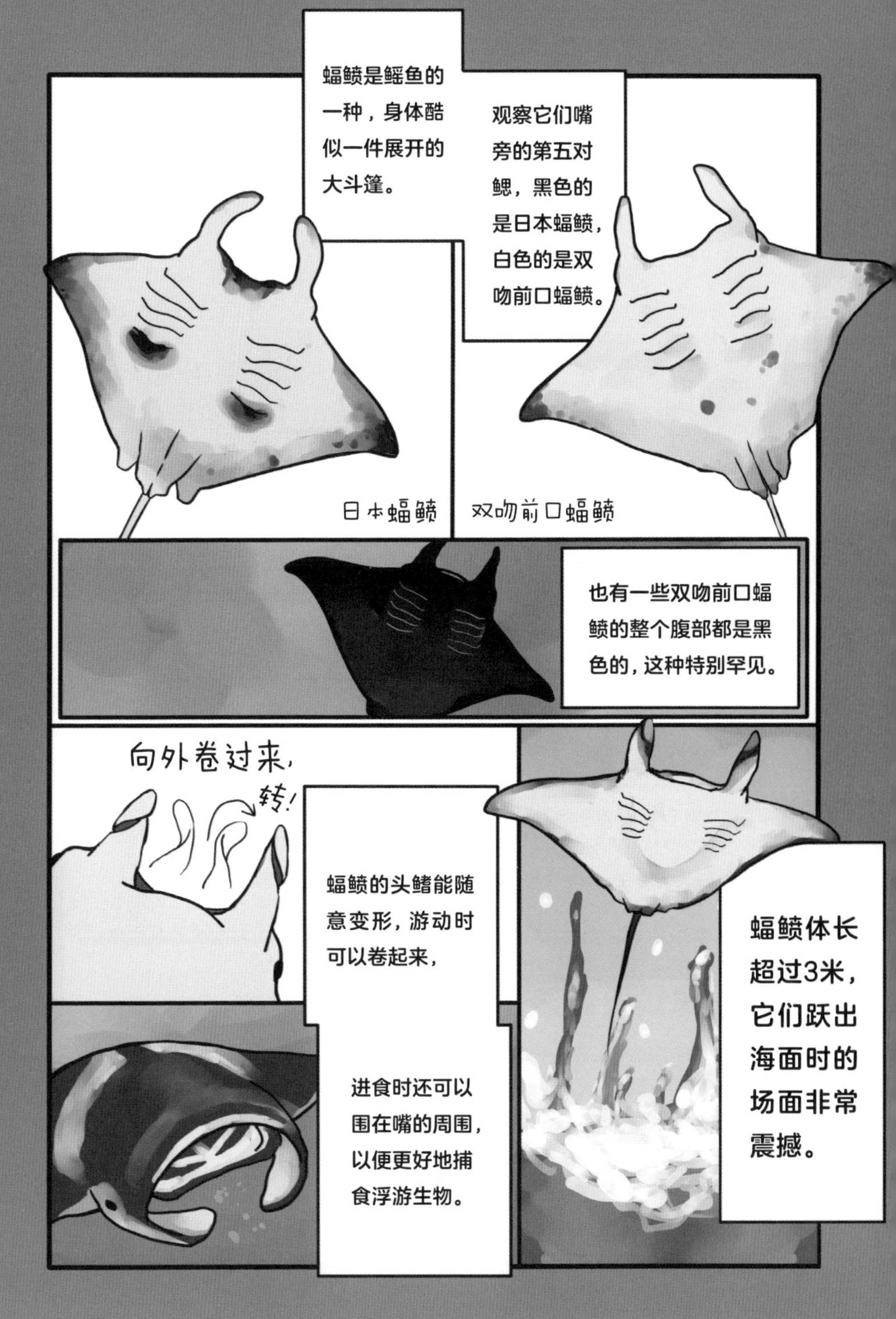
蝠鲼是鳐鱼的一种，身体酷似一件展开的大斗篷。
观察它们嘴旁的第五对鳃，黑色的是日本蝠鲼，白色的是双吻前口蝠鲼。
日本蝠鲼
双吻前口蝠鲼
也有一些双吻前口蝠鲼的整个腹部都是黑色的，这种特别罕见。
向外卷过来，
转！
蝠鲼的头鳍能随意变形，游动时可以卷起来，
进食时还可以围在嘴的周围，以便更好地捕食浮游生物。
蝠鲼体长超过3米，它们跃出海面时的场面非常震撼。

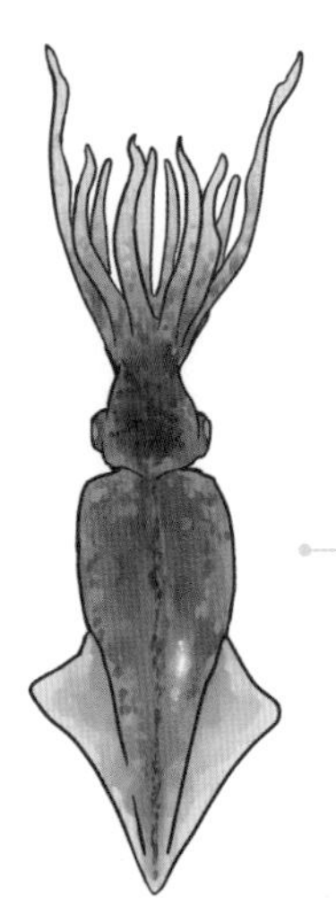

萤火鱿

Watasenia scintillans 武装鱿科

●约7厘米　▲北太平洋沿岸　♥小鱼、磷虾类和虫戎类等

萤火鱿白天生活在 200~600 米的深海，夜间会浮到海面附近。

吃的时候要做熟

萤火鱿体长 7 厘米左右，平时生活在 200~600 米的深海。在日本的富山县和兵库县，人们经常捕捉萤火鱿，它是当地的知名水产。人们常把它们整个吃下去，但萤火鱿的内脏里有寄生虫，所以要尽量煮熟了再吃。生吃的话一定要去除内脏或者经过特定的冷冻处理之后再吃。

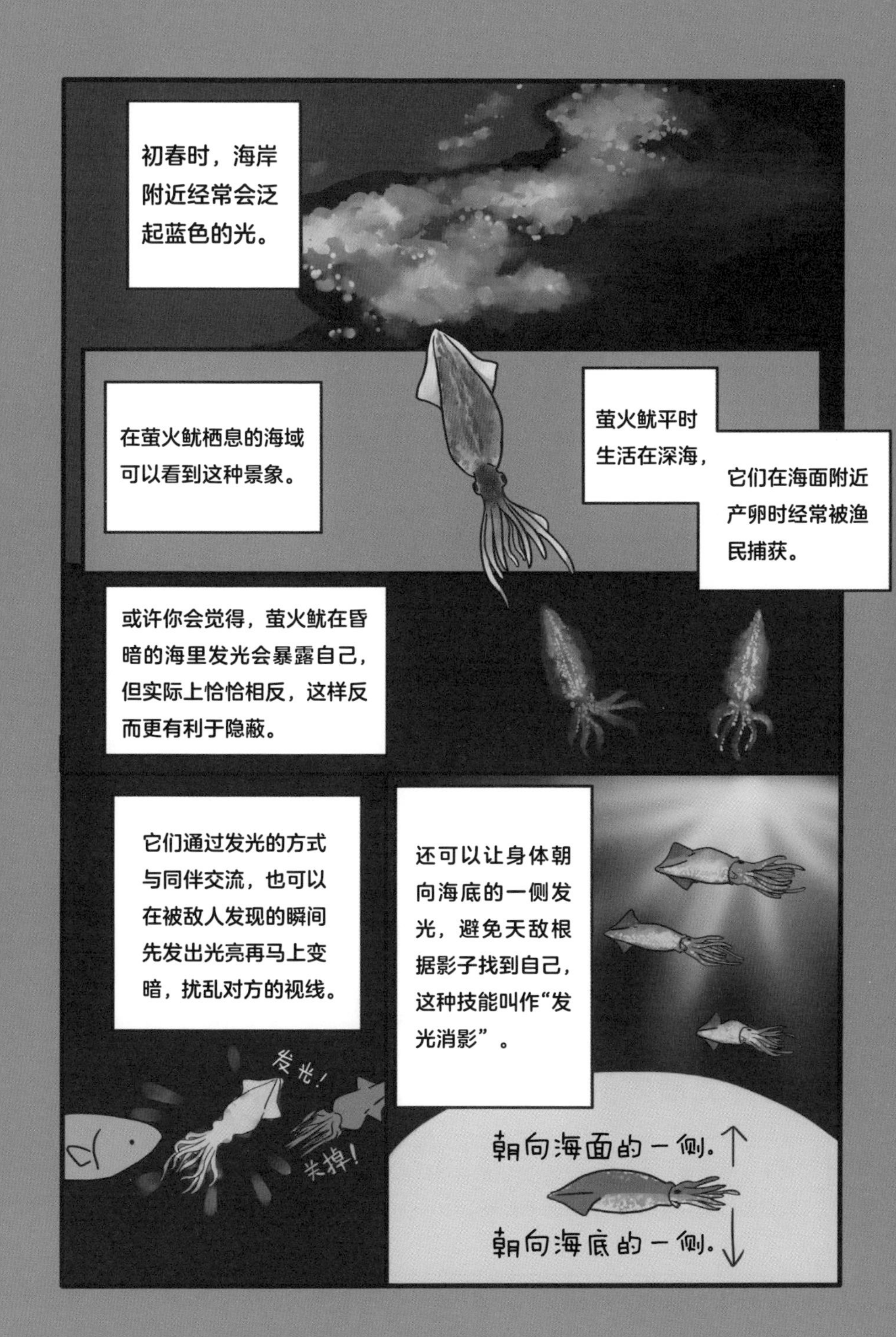

初春时，海岸附近经常会泛起蓝色的光。
在萤火鱿栖息的海域可以看到这种景象。
萤火鱿平时生活在深海，
它们在海面附近产卵时经常被渔民捕获。
或许你会觉得，萤火鱿在昏暗的海里发光会暴露自己，但实际上恰恰相反，这样反而更有利于隐蔽。
它们通过发光的方式与同伴交流，也可以在被敌人发现的瞬间先发出光亮再马上变暗，扰乱对方的视线。
发光！
关掉！
还可以让身体朝向海底的一侧发光，避免天敌根据影子找到自己，这种技能叫作“发光消影”。
朝向海面的一侧。
朝向海底的一侧。

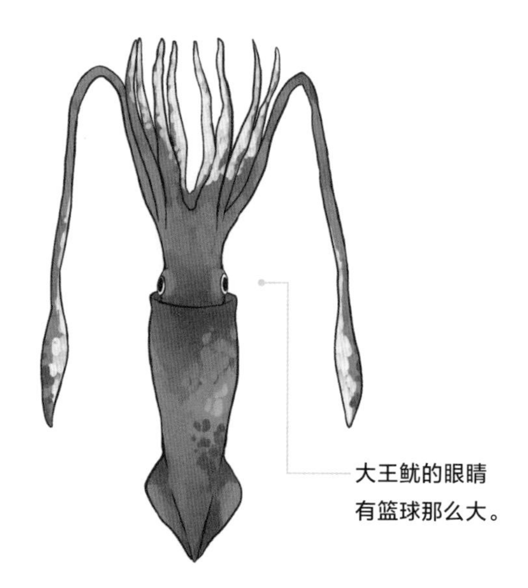

大王鱿的眼睛
有篮球那么大。

大王鱿

Architeuthis dux 大王鱿科

●10米 ▲世界各地的温暖海域 ♥鱼类、甲壳类动物和其他鱿鱼等

大王鱿是世界上最大的无脊椎动物之一。

世界上最大的头足类动物之一

大王鱿是世界上体长最长的头足类动物，而体重最重的头足类动物则是大王酸浆鱿，这两种动物的眼睛都有篮球那么大。据说它们的肉带有浓烈的氨气味道，一点儿都不好吃。

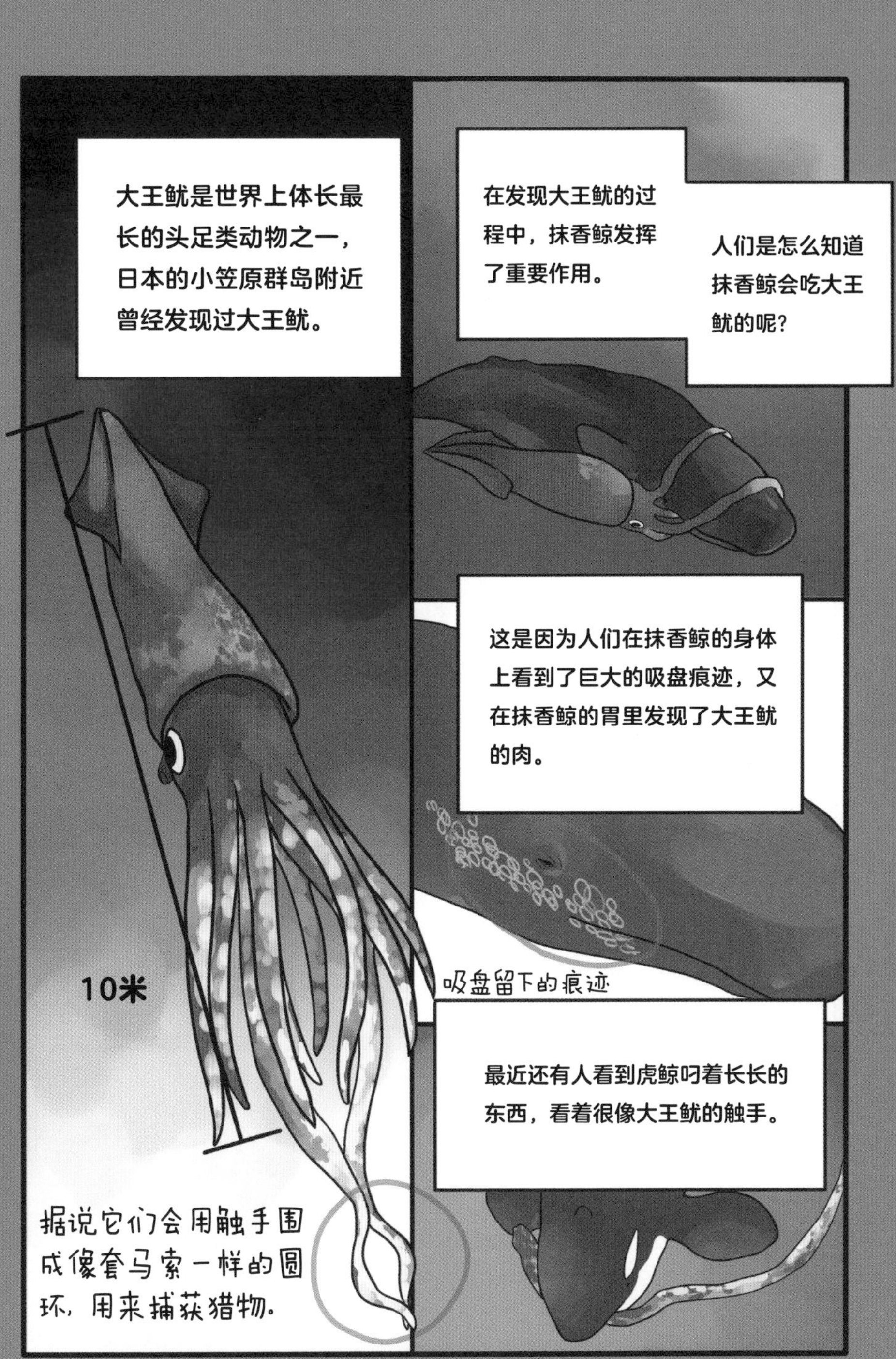
大王鱿是世界上体长最长的头足类动物之一，日本的小笠原群岛附近曾经发现过大王鱿。
10米
据说它们会用触手围成像套马索一样的圆环，用来捕获猎物。
在发现大王鱿的过程中，抹香鲸发挥了重要作用。
人们是怎么知道抹香鲸会吃大王鱿的呢？
这是因为人们在抹香鲸的身体上看到了巨大的吸盘痕迹，又在抹香鲸的胃里发现了大王鱿的肉。
吸盘留下的痕迹
最近还有人看到虎鲸叼着长长的东西，看着很像大王鱿的触手。

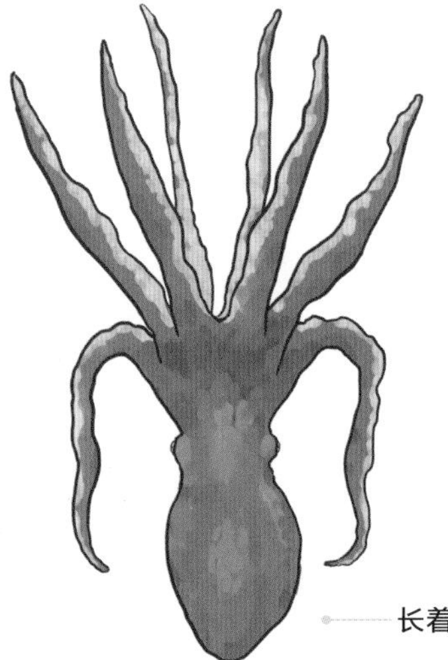

长着巨大的球状头部。

北太平洋巨型章鱼

Enteroctopus dofleini 蛸科

●3~5米　▲北太平洋　♥鱼类、甲壳类动物和贝类等

北太平洋巨型章鱼是最大的章鱼种类之一，寿命也很长，能达到4年左右。

世界上最大的章鱼

北太平洋巨型章鱼的体长超过3米，是世界上最大的章鱼，每条腕上有250~300个吸盘。北太平洋巨型章鱼生活在水温较低的海域，在日本的北海道经常可以捕到。除了食用，海洋馆里也会饲养北太平洋巨型章鱼。它们的智商很高，甚至能打开瓶盖。

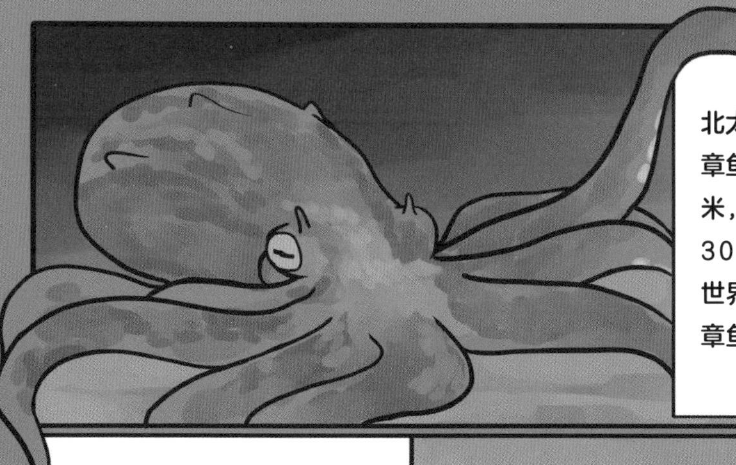

北太平洋巨型章鱼体长3~5米，重量超过30千克，是世界上最大的章鱼。

根据吸盘的形状可以分辨雌雄。吸盘大小不一的是雄性，而大小均匀的则是雌性。

雄性

雌性

章鱼为什么喜欢钻到罐子里？

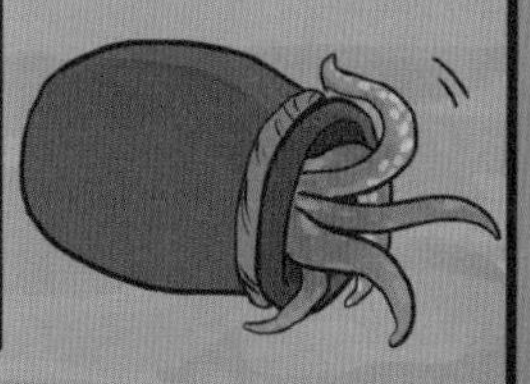

为了躲避天敌，章鱼会钻进岩石的缝隙或者洞穴中产卵。

在章鱼看来，捕章鱼的罐子也和洞穴一样舒适，渔民正是利用这种习性来捕捞它们的。

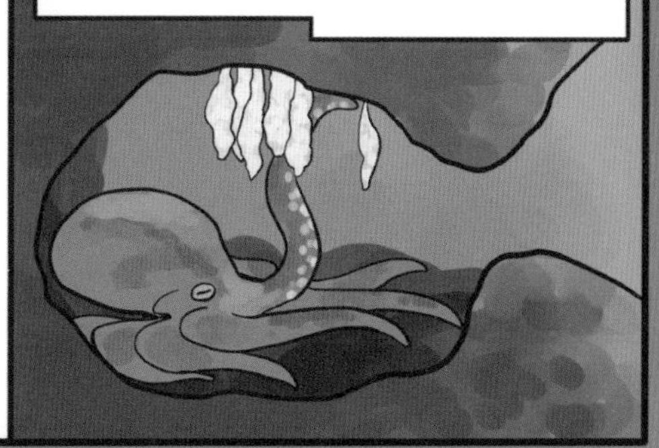

章鱼把卵产在岩洞的“天花板”上，不吃不喝地守在旁边照料，直到小章鱼孵化出来。

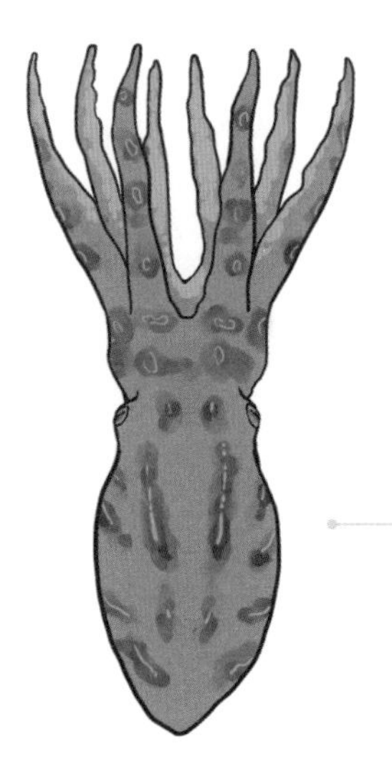

遇到危险，蓝纹章鱼身上会浮现出亮蓝色的圆环状斑纹，以此来警告对方。

蓝纹章鱼

Hapalochlaena fasciata 蛸科

● 约10厘米　▲ 西太平洋　♥ 鱼类和甲壳类动物

蓝纹章鱼的唾液、体表及肌肉中都含有河豚毒素。

含有河豚同款毒素

虽然蓝纹章鱼体长只有 10 厘米左右，但它们含有河豚毒素，是一种非常危险的生物。有一种大蓝环章鱼与蓝纹章鱼非常相似（大蓝环章鱼的环状图案更大一些），也含有河豚毒素，不能随意触摸。

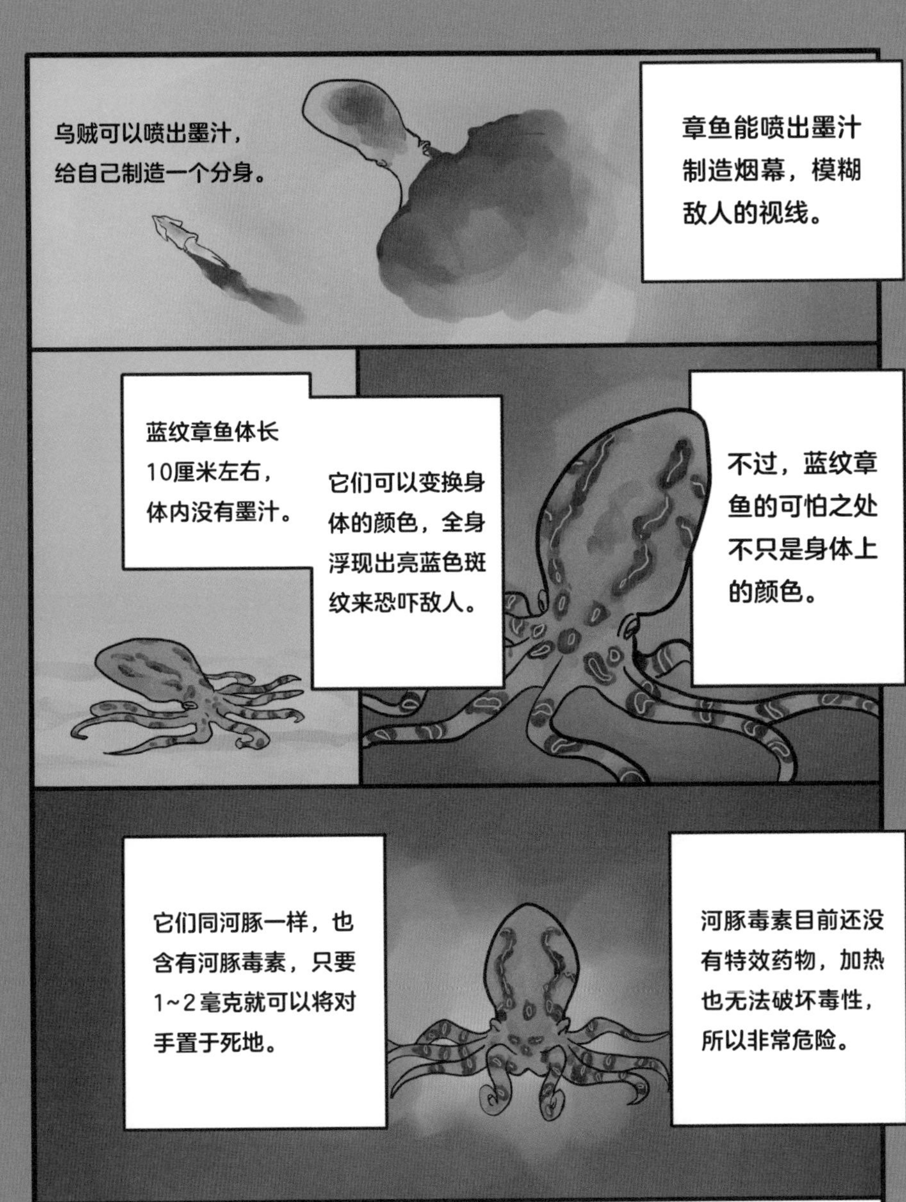

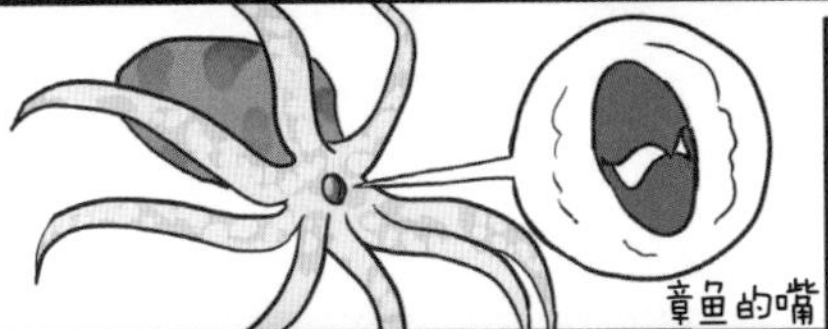

蓝纹章鱼的唾液里含有河豚毒素，它们会咬住对方注入毒素。它们死掉以后仍旧有毒，肌肉中也含有毒素，别说吃了，连碰都不要碰。

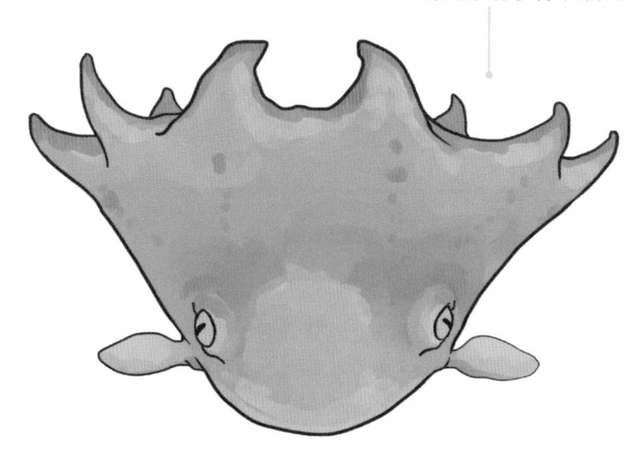

扁面蛸

Opisthoteuthis depressa 扁面蛸科

●20 厘米 ▲日本相模湾至东中国海 ♥甲壳类动物等

扁面蛸生活在深海，人们对它们的习性特点还知之甚少。

没有墨的章鱼

扁面蛸生活在深海里，腕与腕之间有大片的膜相连，形成像降落伞一样的形状。它们的腕上只有一列吸盘，肚子里没有墨汁，据说可以散发出刺激性气味。扁面蛸不好饲养，在海洋馆里很少见到，但它们模样十分可爱，深受人们的喜爱。

※扁面蛸不会吐墨。

章鱼身上有一个部位像噘起的小嘴一样，这里其实并不是嘴。

这个器官叫作**漏斗**，可以将水快速喷出来，借助反作用力推动自己快速游动、转向，还能吐出墨汁。

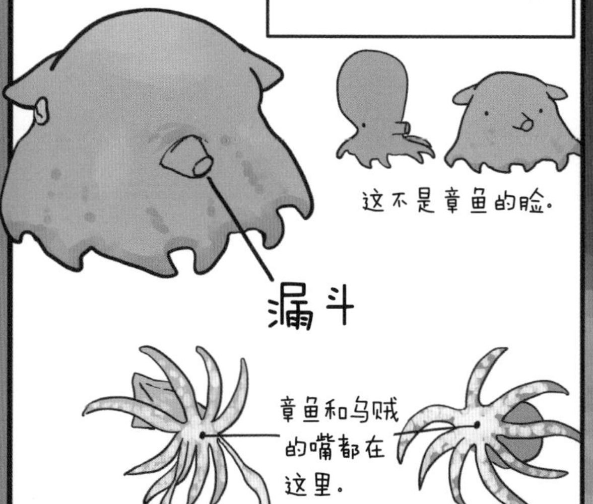

深海里的食物较少，行动迟缓的扁面蛸为了降低能量消耗，大多数时间都静静地趴在海底。

一动不动。

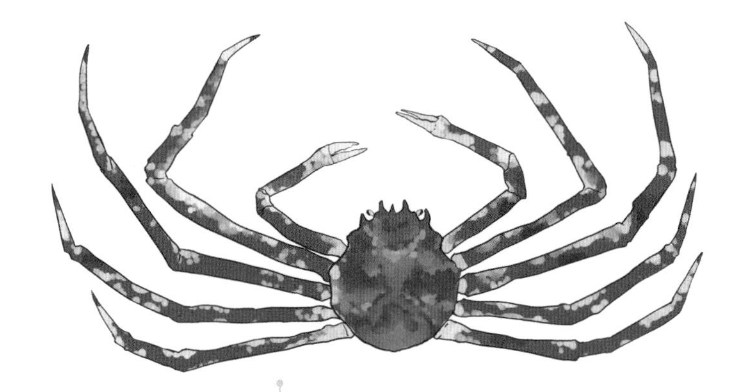

脚上有白色的斑纹。

甘氏巨螯蟹

Macrocheira kaempferi 蜘蛛蟹科

●3米 ▲西太平洋 ♥贝类和甲壳类动物等

巨螯蟹在螃蟹中属于比较古老的物种。

一直都是红色的

甘氏巨螯蟹生活在深海，一般不会出现在海面上。不过它们很好养，经常可以在海洋馆里见到，所以人们对它们并不陌生。日本近海也能捕捉到它们，很多饭店都能吃到。大多数螃蟹只有在加热后才会变成红色，但甘氏巨螯蟹活着的时候就是红色的。

巨螯蟹的腿
完全展开可
长达 3 米，
堪称**世界
上最大**的
螃蟹。

帝王蟹

它有5对脚呢！

巨螯蟹生
活在深海，
长大以后，
毛会逐渐
褪去。

为了长得更
大，巨螯蟹
需要不断脱
壳，就像脱
掉衣服一样
从旧壳里钻
出来。

人们对巨螯蟹
的味道褒贬不
一，有人喜欢，
也有人不喜欢。

想要把这个
大家伙煮熟，
可不是一件
容易的事。

花纹细螯蟹总是用螯夹着海葵。

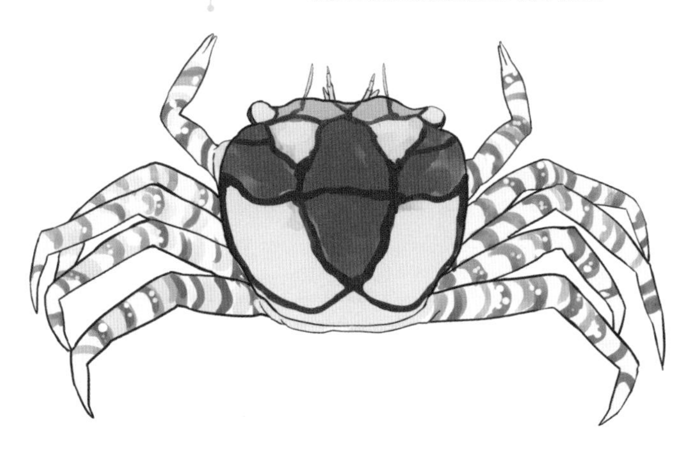

花纹细螯蟹

Lybia tessellata 扇蟹科

●约2厘米 ▲南太平洋和印度洋 ♥浮游动物

花纹细螯蟹躲在珊瑚礁或礁石中生活。

被夹住会变白？

被花纹细螯蟹夹在螯里的海葵有一个专门的名字，过去人们没见到过它们不被夹着时的状态，直到后来才发现，这是一种超小型海葵，它们被花纹细螯蟹夹住后会变成白色。据说如果能摆脱花纹细螯蟹的束缚，它们还会变回原本的棕色。

这是花纹细螯蟹，
你看，它像啦啦队队员一样举着花球加油助威呢。

事实并非如此，它们其实是在击退敌人。
走开！
花纹细螯蟹拿的是海葵，海葵有毒，可以防止其他生物接近它们。

我撕！
如果只剩下一个海葵，它们竟然还会把海葵撕成两个。

耶！
然后海葵会再生长到原来的大小。

你可能想问，难道海葵甘心承受这样的人生吗？
真香……
海葵可以得到花纹细螯蟹吃剩的食物残渣，就不怕没有东西吃啦！

海洋动物爆笑漫画

神奇生物

大集合

第6章

生命的神奇形态！
水母、海滨生物及其他

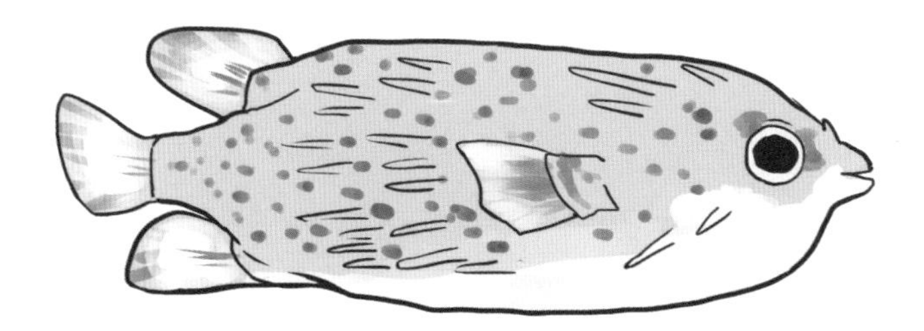

遍布全身的刺是由鳞进化而来的。

六斑二齿鲀

Diodon holocanthus 刺鲀科

●30 厘米 ▲世界各地的温带至热带海域 ♥贝类、甲壳类动物和海胆等

六斑二齿鲀生活在浅海的珊瑚礁和礁石等处。

笨拙的河豚?

六斑二齿鲀虽然也属于河豚大家族，但有些地区的人认为它们没有毒，把它们作为食材，也有人将它们当作宠物饲养。为了恐吓敌人，或者避免被吃掉，六斑二齿鲀会吸很多水让自己鼓起来，并竖起身上的刺，但有时还是难以摆脱被吃掉的命运。有时它们吸了水又吐不出来，真是活得很辛苦啊！

六斑二齿鲀鼓起身体，想要吓走敌人。

六斑二齿鲀是河豚大家族的成员，模样和河豚也很像。

六斑二齿鲀身上大约有 300~400 根刺，是由鳞片进化而来的。与其他种类的河豚不同，六斑二齿鲀没有毒，只能采取这种防御方式。

有时候，六斑二齿鲀鼓起来之后迟迟无法复原，只能就这样被水冲走……

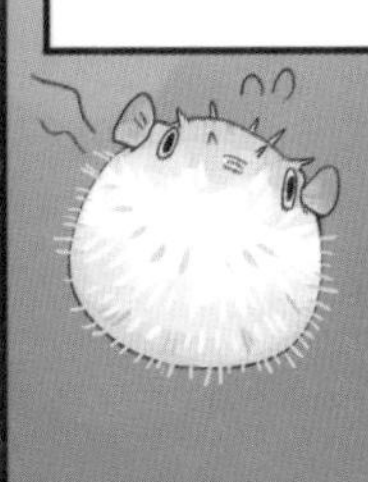

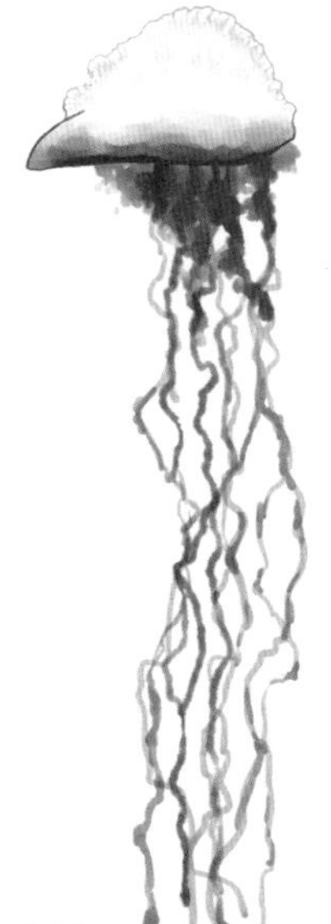

触手有剧毒，千万不要摸。

僧帽水母

Physalia physalis 僧帽水母科

●10米　▲太平洋、大西洋和印度洋等　♥小鱼和甲壳类动物

僧帽水母因为形状很像僧侣的帽子而得名，也被称作“葡萄牙战舰水母”。

形似水母的集合体

僧帽水母看起来很像一只水母，但其实并非单独的个体，而是由多个水螅体聚在一起组成的。它们身上有一个像透明塑料袋一样鼓鼓的部位，有时会偏向左边，有时会偏向右边（不同地域的僧帽水母会有不同）。此外还有进食部位、繁殖部位和触手部位。

海边经常会出现一些通体透明、微微泛着蓝光的生物，看上去非常漂亮，

那就是含有剧毒的**僧帽水母**。

猎物的身体

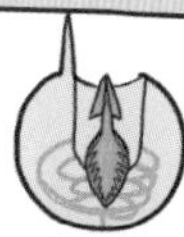

感知到猎物。

伸出毒针，刺入猎物体内。

注入毒素。

假如僧帽水母的触手粘到皮肤上，千万不要直接用手去拿。

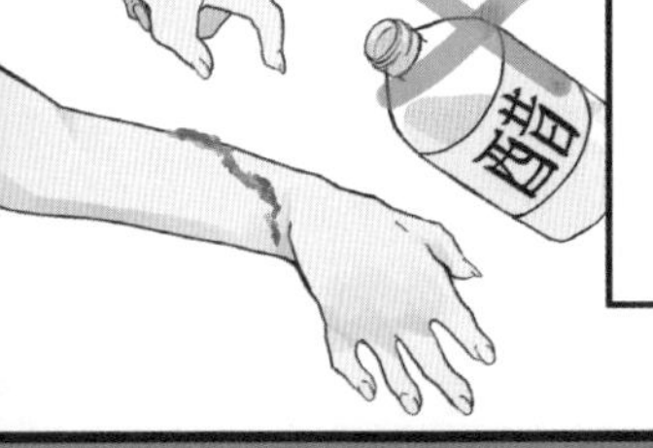

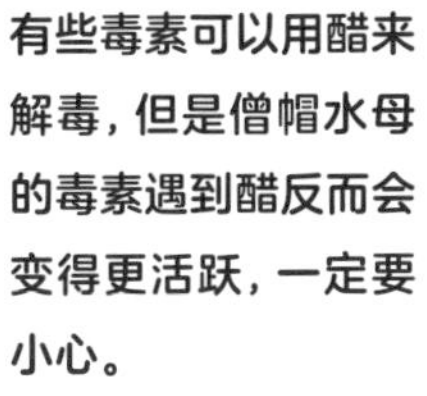

有些毒素可以用醋来解毒，但是僧帽水母的毒素遇到醋反而会变得更活跃，一定要小心。

触手最长可达50米。

日本有很多僧帽水母。

它们死了以后也还是有毒的，注意不要触碰。

伞状体的形状像一个正方体。

细斑指水母

Chironex fleckeri 曳手水母科

●3米 ▲印度洋南部至澳大利亚西部近海 ♥鱼类和甲壳类动物等

细斑指水母又叫作“杀人水母”，触手含有致死率极高的剧毒。
人类被它们刺中，有可能在 1 分钟内死亡。

能自己游动的水母

细斑指水母生活在澳大利亚附近，在日本几乎不会见到，这种水母的剧毒极其危险。与漂在海面上的海月水母等不同，这种水母家族的成员都十分擅长游泳。

细斑指水母含有剧毒，
因此也被称为“杀人水母”。
俗称“黄海蜂”
只是被它们刺上几下也许不会致死，但剧痛很可能导致伤者溺水而亡。如果全身都被它们的触手缠住，那么短短几分钟内就可能丧命，十分危险。
然而，
一口咬住！
啊！
海龟却不怕这种毒素，可以若无其事地把它们吃掉。
水母不会去刺没有生物反应的物体，据说穿上一双尼龙长筒袜就能保护自己……

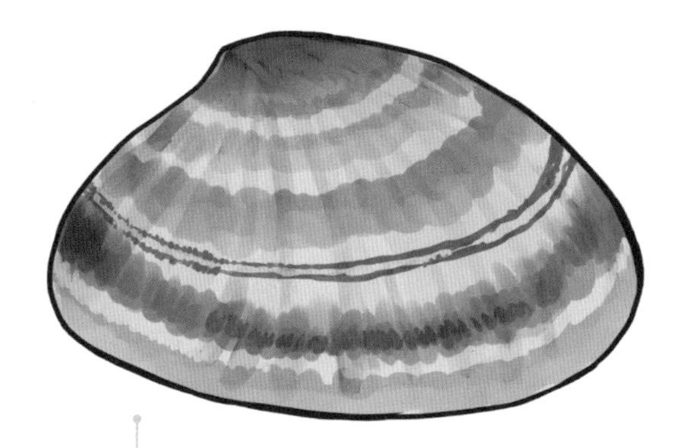

贝壳花纹的颜色和形状都极富变化。

菲律宾帘蛤

Ruditapes philippinarum 帘蛤科

●4~6厘米 ▲世界各地的浅海 ♥浮游植物和硅藻类等

菲律宾帘蛤喜欢生活在水深 10 厘米以内、盐分较少的沙地里。

贝类是软体动物

菲律宾帘蛤体长 4~6 厘米，人们赶海和吃海鲜时经常会见到这种长着各种花纹的双壳贝类。它们靠过滤浮游生物为食。贝类同海蛞蝓、冰海天使、章鱼和乌贼一样，都属于软体动物。

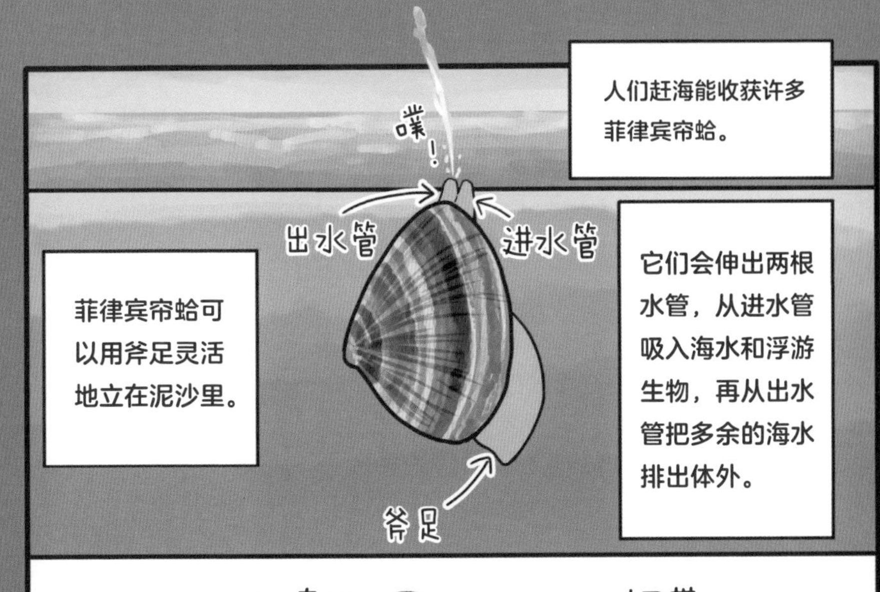

它们的肌肉就是贝柱，负责关闭贝壳，防止被敌人撬开。

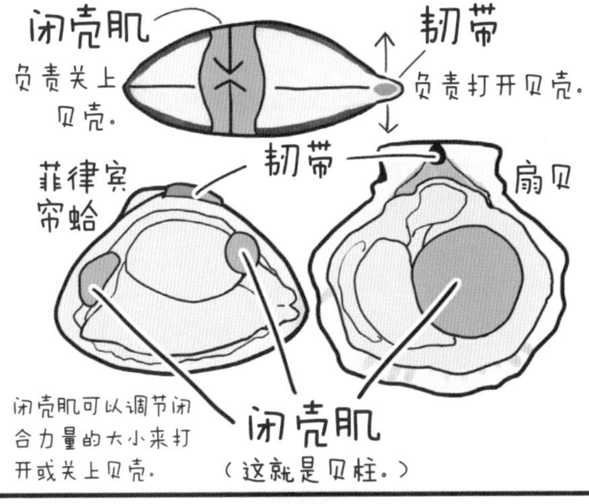

菲律宾帘蛤很难被撬开，但是有些凶猛的动物会强行钻开贝壳，吃掉鲜美的贝肉。

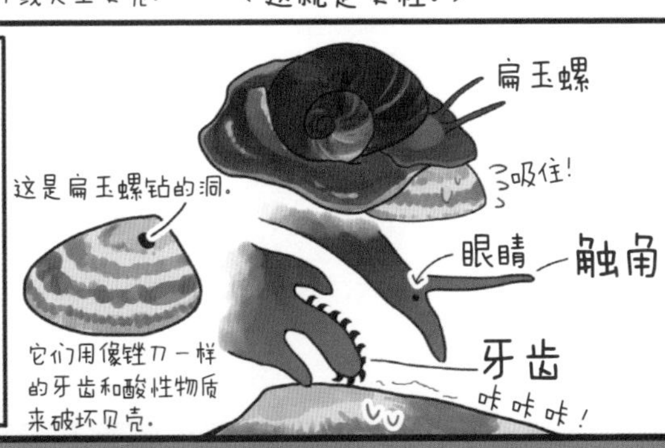

红褐色的底色搭配像鱼鳞云一样的白色花纹。

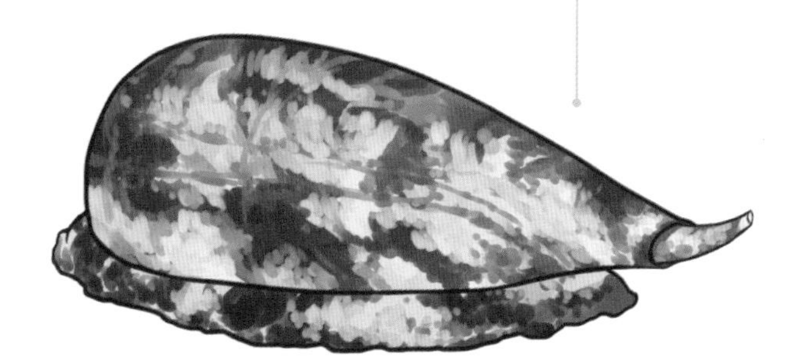

杀手芋螺

Conus geographus 芋螺科

● 10 厘米　▲ 非洲东海岸、印度洋和太平洋等热带海域　♥ 小鱼等

杀手芋螺大多生活在浅海的珊瑚礁上。它们在夜间活动，平时很难见到。

趁夜色偷袭的贝类

杀手芋螺是夜行性动物，会在夜晚悄悄靠近熟睡中的猎物，注入毒素后直接吞食下去。杀手芋螺的神经毒素毒性极强，虽然人被刺到后只有轻微的痛感，但会引起全身麻痹和呼吸困难，严重的甚至能导致死亡。

啪！
杀手芋螺会像怪物一样张开大嘴。
……
很多人以为贝类没什么危险，事实并非如此。
杀手芋螺趁着夜色悄悄靠近熟睡的鱼类，将毒素注入它们体内。
Zzz……
毒囊
输毒管
齿舌
杀手芋螺是夜行性动物，人们很少有机会见到它们，不过也曾经有人死于它们极强的神经毒素，所以还是要多加小心。
直接把整条鱼吞下去。

大多数情况下，螯肢
是左右不对称的。

寄居蟹

Paguroidea 寄居蟹总科

●约1~40厘米 ▲世界各地的海洋里 ♥藻类和其他生物的尸体等

寄居蟹栖息在各种地方，从浅滩到数百米下的深海海底均有分布。

大多数喜欢住在右旋贝里

寄居蟹属于虾和螃蟹的同类，它们的特点在于身体明显向右卷曲，也许是因为它们寄居的海螺的螺纹都是沿顺时针方向向右卷曲的。至于贝类为什么以右旋贝居多，目前尚不清楚。有时，寄居蟹也会寄居在饮料瓶的瓶盖或者玩具里。

灰眼雪蟹

帝王蟹

有四对脚，是寄居蟹的近亲。

伊式毛甲蟹

有五对脚，因此属于螃蟹。

也就是说，用四对脚走路的螃蟹其实不算真正的螃蟹，而是寄居蟹的近亲。

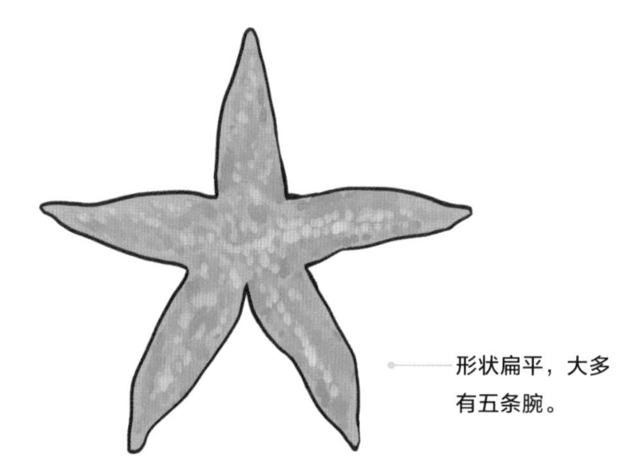

海星

Asteroidea 海星纲

●几厘米~几十厘米 ▲世界各地的海洋里 ♥贝类和死鱼等

海星被切开后可以再生。

海星不止五条腕

海星最大的特点是长着五条腕，形状很像星星。不过海星中其实既有再生出五条以上腕的，也有只剩下四条腕的，甚至还有的品种原本就长了十几条腕。海星的每条腕的末端都长着一只眼睛，所以腕越多，眼睛也就越多。还有些海星可以分裂再生成两只海星。

棘皮动物的身体构造都具有五辐射对称的特点。

海星、海胆和海参，

虽然看上去互不相干，但它们都属于棘皮动物。

可能大家都能想象得出海参向前蠕动的样子，其实海胆也会走。

它们用叫作管足的器官走路。

棘也可以动。

海星当然也能走。

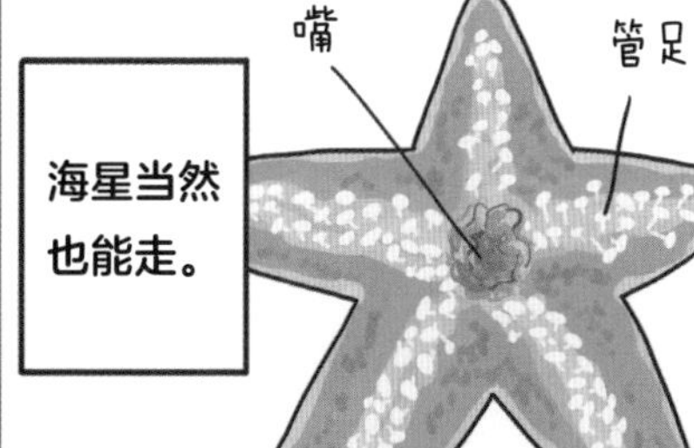

把海星翻过来，可以看到这一面长着密密麻麻的管足。

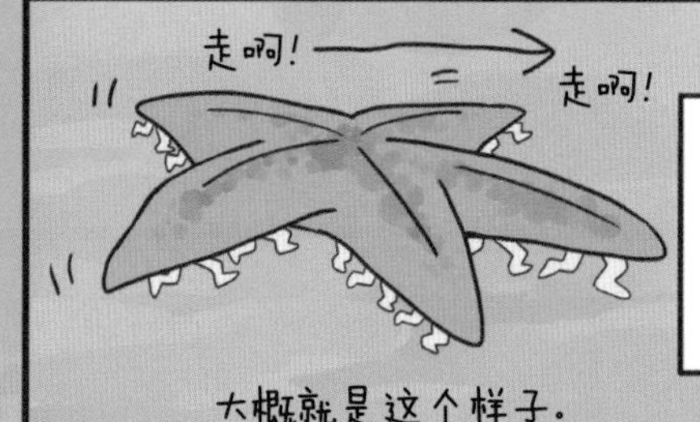

大概就是这个样子。

它们就是用这些“脚”走路的。

只要还剩下一条腕，海星就能再生成一只新的海星。

剩下的部分

正在再生

正在再生

正在再生

它们有一种惊人的本领，可以把胃伸出来捕食猎物。

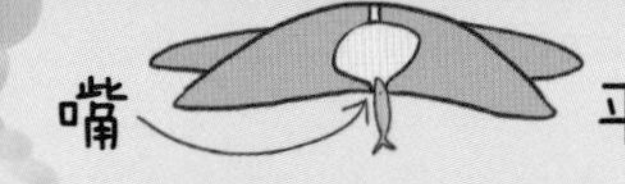

嘴里装不下猎物，所以胃会主动出击。

胃

胃

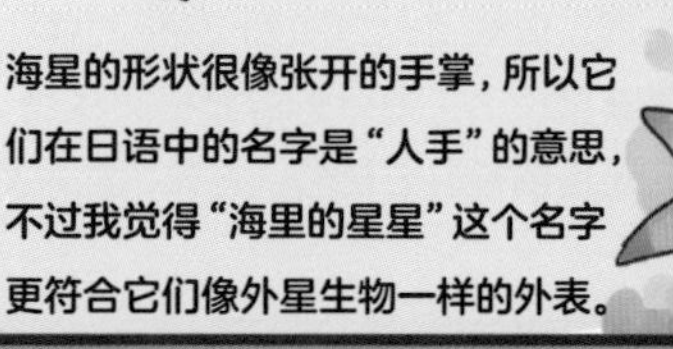

海星的形状很像张开的手掌，所以它们在日语中的名字是“人手”的意思，不过我觉得“海里的星星”这个名字更符合它们像外星生物一样的外表。

它们也曾有过壳，但后来壳退化了。

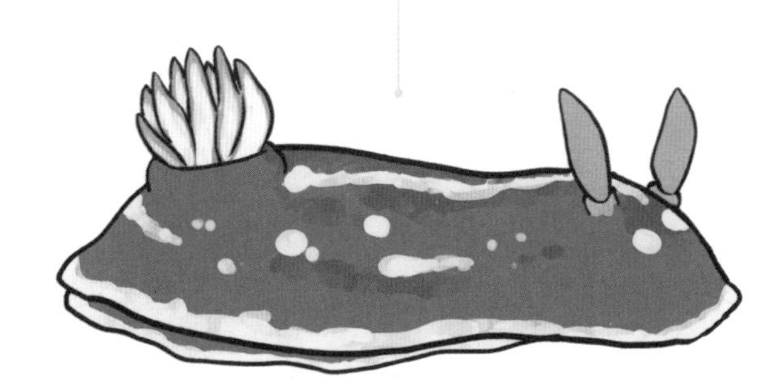

海蛞蝓

Heterobranchia 异鳃类

●几毫米~30 厘米　▲世界各地的浅海海底　♥既有肉食性的，也有草食性的

海蛞蝓大多有毒，不适合食用。

螺类进化之后

为了便于移动，海蛞蝓在进化过程中舍弃了壳。它们的视力几乎为零，主要通过像触角一样的部位感知气味（有些种类的海蛞蝓有眼睛，但是非常小）。海蛞蝓的卵很有特色，有些形状像丝带，有些像花边，而且色彩也很艳丽，有黄色的，有白色的。

螺类属于软体动物，它们都长着坚硬的壳来保护自己。

而海蛞蝓却为了便于移动而舍弃了壳，或将壳埋在身体里。

那么它们是如何生存至今的呢？

海蛞蝓以珊瑚、海葵和海鞘为食，把毒素储存在体内。

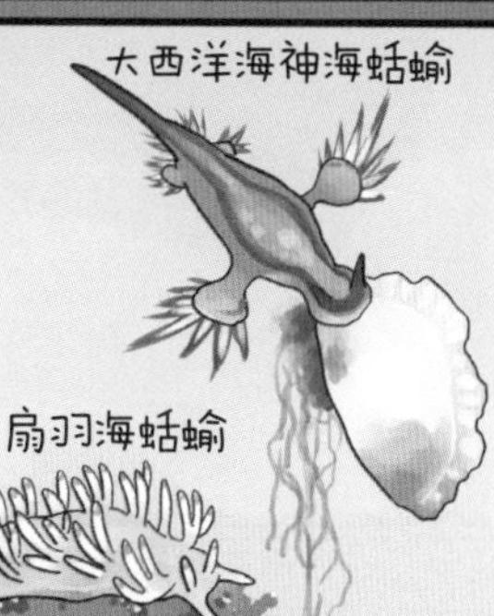

还有一些海蛞蝓会吃僧帽水母，把别人的毒素转化为自己的武器，

这种细胞叫作盗刺细胞。

它们吃下难吃的东西，让自己也变难吃，或者长出艳丽的色彩，警告敌人“我有毒”“我很难吃”。

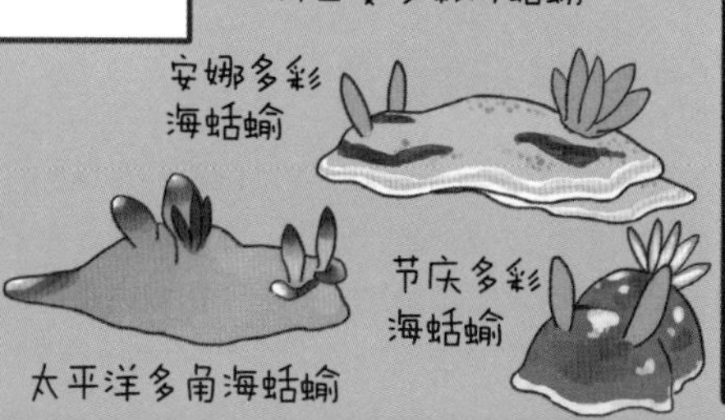

海蛞蝓花了这么多心思在吃上，可是竟然还有专吃海蛞蝓的海蛞蝓。

珊瑚

Anthozoa 珊瑚虫纲

●珊瑚虫长0.6~30厘米 ▲热带浅海 ♥光合作用等

珊瑚有许多种类，有些珊瑚与体内叫作虫黄藻的藻类共生，通过光合作用生长。

珊瑚也能感受到生存压力

生存压力会使与珊瑚共生的虫黄藻数量减少，导致珊瑚的骨骼部分暴露在外面，这就是珊瑚变白的原因。这时，珊瑚并没有完全死去，只要虫黄藻回到珊瑚上，它们就可以继续进行光合作用，恢复生机。

珊瑚为海底增添了靓丽的风景，

但大家并不了解珊瑚。

刺胞动物

珊瑚并不是形状与石头相似的植物，而是水母和海葵的近亲。

这里才是珊瑚的主体。

大量珊瑚虫聚集在一起组成珊瑚，像石头一样坚硬的部分是它们的骨骼。

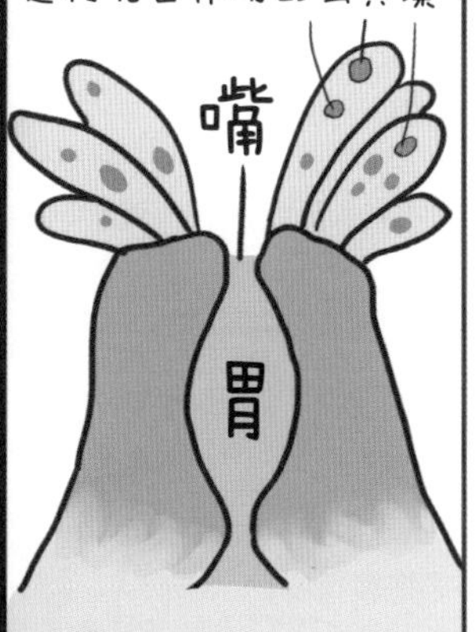

白天，珊瑚可以吸收虫黄藻通过光合作用产生的营养物质，夜晚则以浮游生物为食。珊瑚逐渐增多，珊瑚体随之变大，并形成珊瑚礁。

这种是造礁珊瑚。

大家经常看到的珊瑚上没有虫黄藻，也不会形成珊瑚礁一样的形状。

珊瑚是动物，所以也会繁殖。据说石珊瑚会在满月前后集体产卵。

海葵

Actiniaria 海葵目

●1.25 厘米~1.8 米 ▲世界各地的海洋里 ♥光合作用、小鱼等

有些海葵会与绿藻或寄居蟹、小丑鱼等共生。

看似植物，实则为动物

海葵的触手有毒，因能与小丑鱼或花纹细螯蟹等共生闻名。虽然看起来很像植物，但海葵其实是动物，可以走动或游动，也会捕食猎物，并且能产卵繁殖。

※也有一些海葵品种是无性繁殖的。

海葵作为小丑鱼的栖息之所为人们所熟知，那么海葵究竟是什么呢？小丑鱼为什么要选择海葵作为自己的家呢？

小丑鱼利用海葵有毒的触手抵御天敌。

同时，它们也会赶走那些来吃海葵的鱼，而海葵则以小丑鱼的排泄物为食，它们之间是共生关系。

其实，海葵既不是岩石，也不是植物，而是属于刺胞动物门的动物，是水母的近亲。

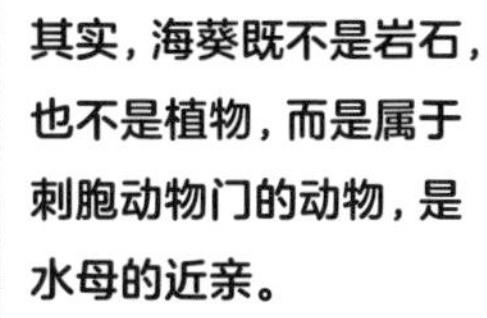

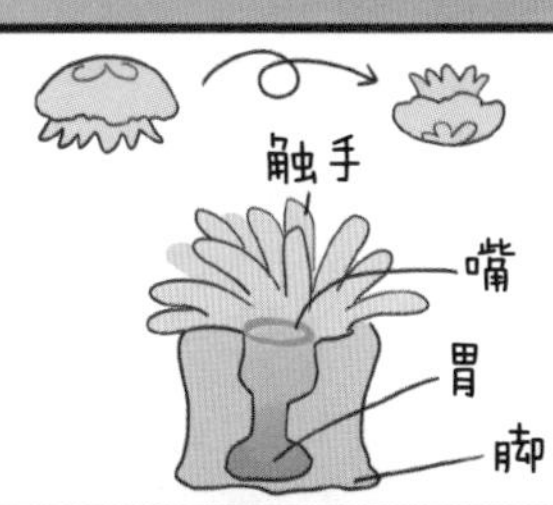

简单来讲，海葵就像一个翻过来的水母。

它们有脚，**可以走动**，也能全身蠕动着**游来游去。**

海葵既然是动物，就需要雌性和雄性进行繁殖。

不过也有一些海葵通过分裂繁殖，没有性别之分。海葵的模样和习性都个性十足。

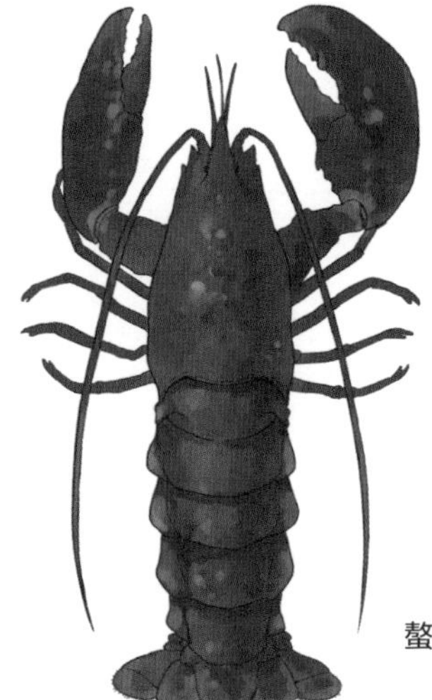

螯肢的关节部位有一些小刺。

螯龙虾

Nephropidae 海螯虾科

●约1米 ▲世界各地的热带和亚热带海域 ♥鱼类、贝类和甲壳类动物

螯龙虾栖居在浅海的礁石上，或在海底的砂砾层挖洞栖居。

拿着锤子的虾

螯龙虾是著名的高档食材，长着两只巨大的钳子，日语把它叫作“海里的小龙虾”。螯龙虾在荷兰语中有“锤子”的意思，两只大钳子是它们的标志。日本龙虾没有这么大的钳子。

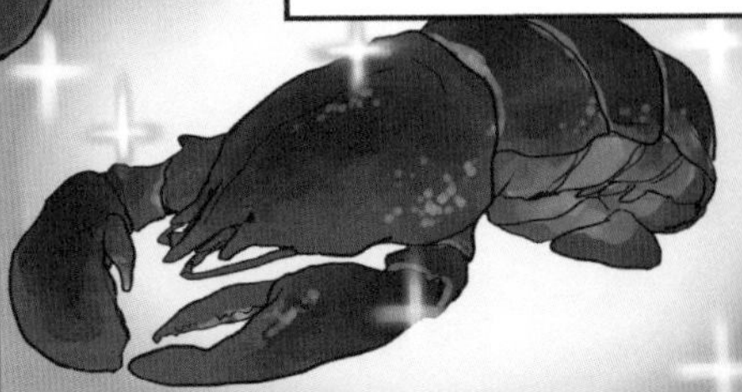

浮游生物指不能自己游动的动
物和植物，与体形大小无关。

水母基本上
都是漂在水
里的，所以有时也
会被视为浮游生物。

有些鲸类以磷虾
为食，磷虾的形
状跟螯龙虾很像，
但它们不是虾。

而长得完全不
像虾的藤壶和
龟足反倒是虾
的近亲。生物
之间的关系真
是复杂。

藤壶小时候可能更像虾一些。

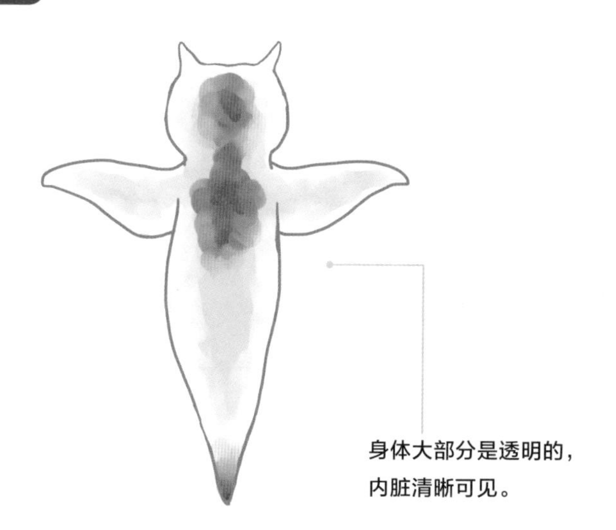

冰海天使

Clione limacina 海若螺科

● 1~3 厘米 ▲北冰洋和北太平洋寒流海域 ♥贝类等

冰海天使是海螺的近亲，它们会在长大后摆脱外壳。

丢掉外壳，完全长大

冰海天使也叫裸海蝶，是海螺的一种。它们小时候是有壳的，但长大之后就没有壳了。冰海天使的身体是透明的，里面的内脏可以看得清清楚楚。它们有许多好听的别名，如冰海精灵、流冰天使等，在日本的北海道也可以见到它们的踪影。

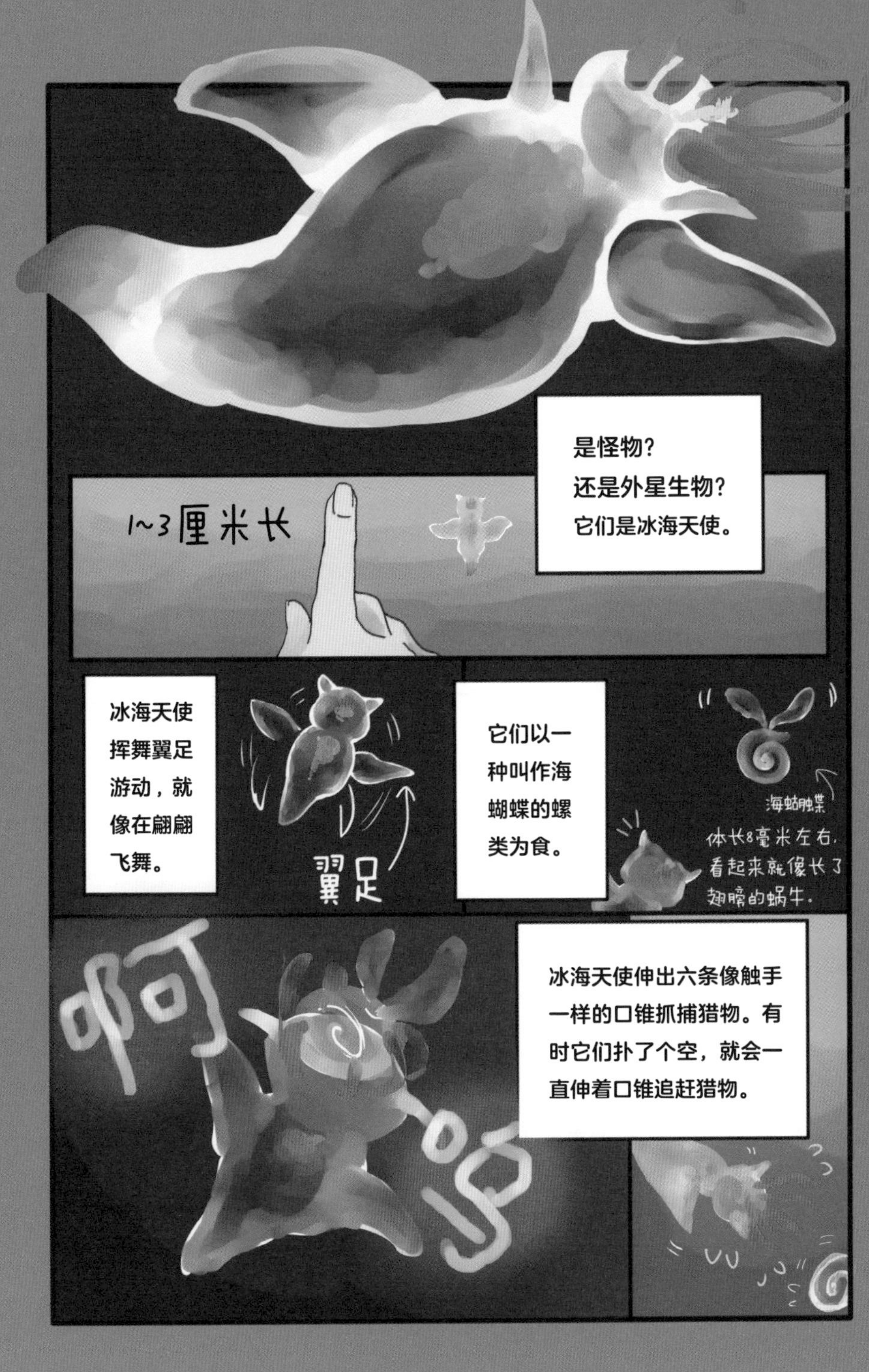
是怪物？
还是外星生物？
它们是冰海天使。
1~3厘米长
冰海天使挥舞翼足游动，就像在翩翩飞舞。
翼足
它们以一种叫作海蝴蝶的螺类为食。
海蝴蝶
体长8毫米左右，看起来就像长了翅膀的蜗牛。
冰海天使伸出六条像触手一样的口锥抓捕猎物。有时它们扑了个空，就会一直伸着口锥追赶猎物。
啊呜

斑条躄鱼

Antennarius striatus 躄鱼科

●约15厘米 ▲除太平洋东部之外的世界各地的海洋里 ♥鱼类和甲壳类动物等

斑条躄鱼栖居在海底的沙子和泥中。

色彩斑斓的躄鱼小伙伴们

斑条躄鱼体长 15 厘米左右，体形娇小可爱。不同个体的颜色不同，但都属于同一个种类。它们可以像走路一样慢慢移动，有时也能从胸鳍附近的鳃孔喷水助推前进，这会比走路快一些，但也不是特别迅速。

斑条躄鱼
……
是一种看着
很像青蛙的
鮟鱇鱼。
它们的胸鳍十分发达，形
状很像腿，可以像走路一
样移动，
胸鳍
慢慢腾腾。
但是
速度
很慢。
别看走得慢，捕食时，
它们就像换了个人一
样。它们晃动头顶的
拟饵体，
摇啊摇，
晃啊晃。
把小鱼引
诱过来。
啊呜
然后以迅雷
不及掩耳之
势，将小鱼
一口咬住！
动作快得只有
用慢镜头回放
才能看得清。

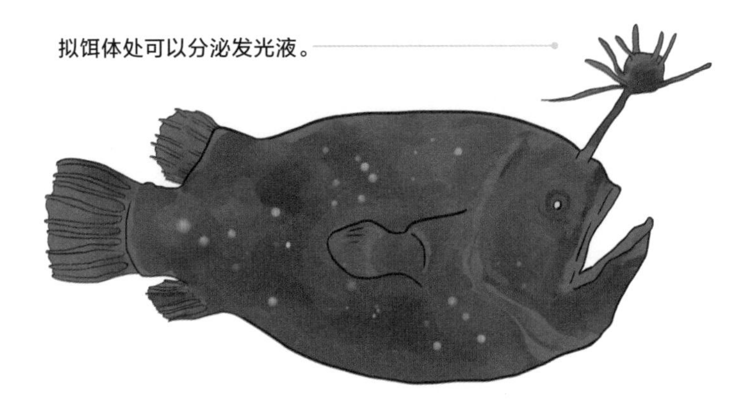

多指鞭冠鮟鱇

Himantolophus groenlandicus 鞭冠鱼科

●4~60 厘米 ▲热带和亚热带的深海 ♥鱼类等

多指鞭冠鮟鱇生活在深海，人们对它们知之甚少。

发光的秘密在于细菌

多指鞭冠鮟鱇也叫灯笼鱼，因为它们头顶上的拟饵体能像灯笼一样发光，把小鱼引诱过来。其实多指鞭冠鮟鱇本身并不发光，发光的是与它们共生的发光细菌。雄性多指鞭冠鮟鱇体长只有 4 厘米左右，它们最终会与雌性多指鞭冠鮟鱇融合在一起，所以曾被当作雌性身上的寄生虫。

多指鞭冠鮟鱇是深海鱼，它们利用发光细菌发出的光引诱猎物上钩。

这个样子的都是雌鱼，不太能看到雄鱼的踪影。实际上，雄性多指鞭冠鮟鱇……

为了繁衍后代必须交尾，但是在雌性多指鞭冠鮟鱇做好准备时，却未必能在昏暗辽阔的深海中找到雄鱼。

于是——

请问，你可以跟我结婚吗？

我现在好像还不需要男朋友……

请问……

生宝宝？我觉得还有点早。

雄鱼会提前附着在雌性身上，并在交尾之后与雌鱼融为一体。对雄性多指鞭冠鮟鱇来说，这真是一场以命相许的婚姻。

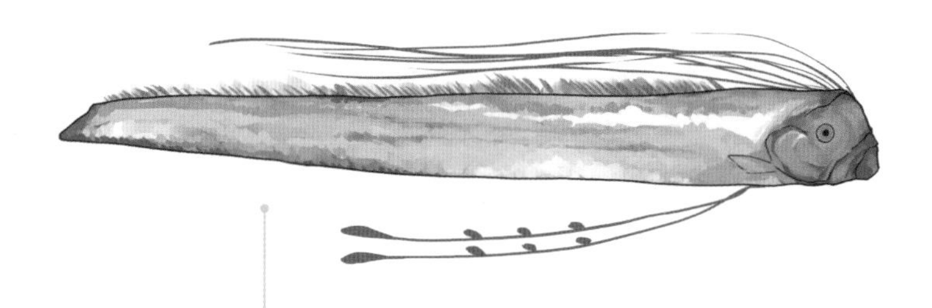

身体很薄，又细又长。

皇带鱼

Regalecus glesne 皇带鱼科

●3~10米 ▲太平洋、印度洋和大西洋等深海 ♥浮游动物和甲壳类动物

关于皇带鱼的习性尚有许多未解之谜。

神秘的深海鱼

渔民们有时能捕捉到皇带鱼，但它们生活在深海，习性方面还有许多未解之谜。皇带鱼似乎以浮游生物为食，有的个体体长可以超过5米。在日本冲绳，人们可以为皇带鱼进行人工授精。

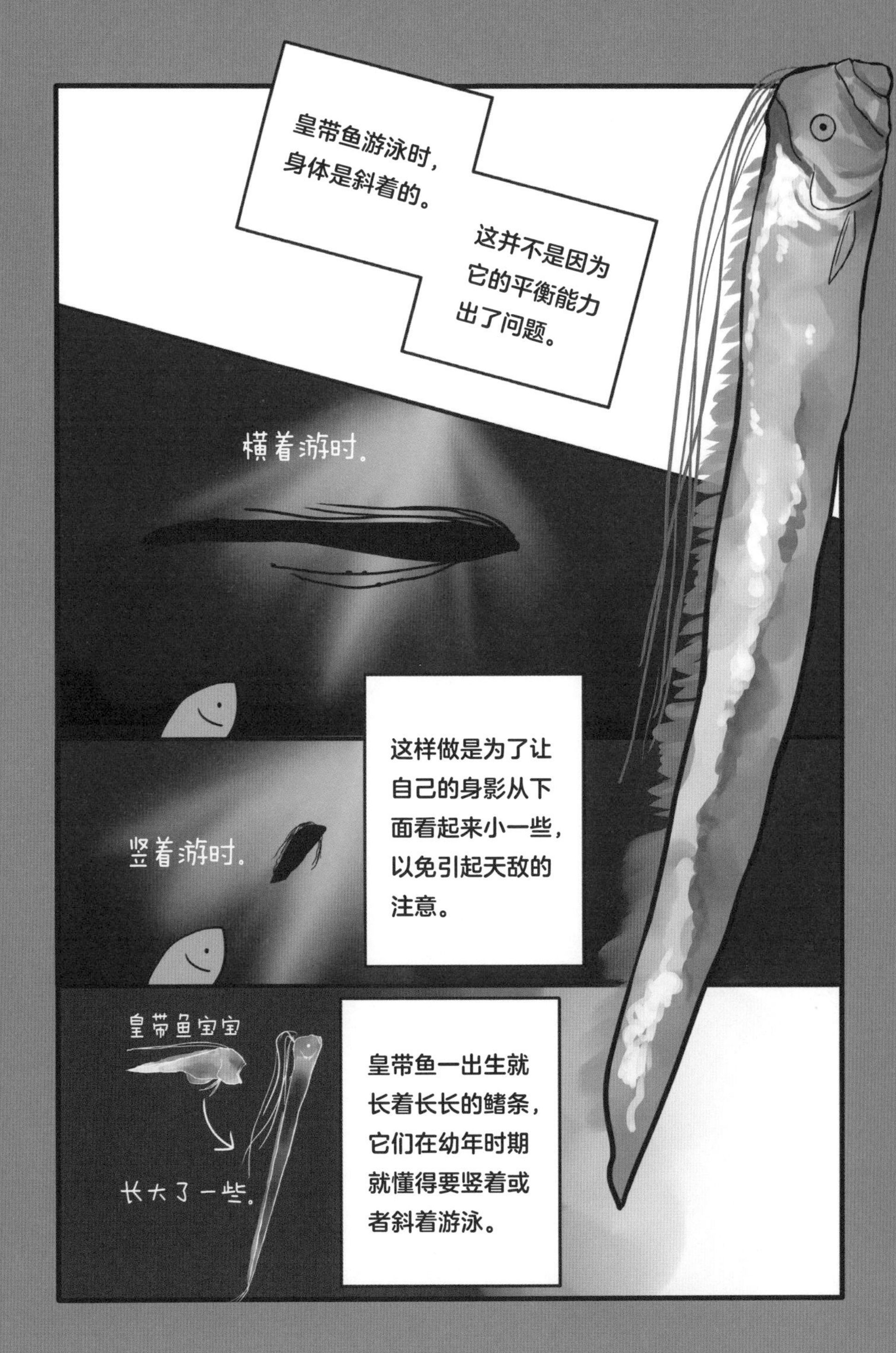
皇带鱼游泳时，
身体是斜着的。
这并不是因为它的平衡能力出了问题。
横着游时。
竖着游时。
这样做是为了让自己的身影从下面看起来小一些，以免引起天敌的注意。
皇带鱼宝宝
长大了一些。
皇带鱼一出生就长着长长的鳍条，它们在幼年时期就懂得要竖着或者斜着游泳。

后记

这是我的第三本书，

无论是作品的风格，

还是介绍的生物都别具特色，

插图的水平也比以前有所提高……

原来长大之后，

也还会有很多成长的机会。

如果大家能从这本书中获得很多

新发现，我会倍感荣幸。

松尾虎鲸

2020年8月

2020' 8

图书在版编目（CIP）数据

神奇生物大集合 / (日) 松尾虎鲸文、图 ; 肖潇译. --
合肥 : 安徽美术出版社, 2023.11
（海洋动物爆笑漫画）
ISBN 978-7-5745-0220-8

Ⅰ. ①神 Ⅱ. ①松 ②肖 Ⅲ. ①水生动物－海洋生物－儿童读物 Ⅳ. ①Q958.885.3-49

中国国家版本馆CIP数据核字(2023)第140467号

海洋动物爆笑漫画　神奇生物大集合
HAIYANG DONGWU BAOXIAO MANHUA SHENQI SHENGWU DA JIHE
[日]松尾虎鲸 文/图　肖潇 译

出 版 人：王训海　特约编辑：李朝旻
责任印制：欧阳卫东　装帧设计：丰雪庆
责任编辑：张膂寒　审　校：罗心宇
责任校对：陈芳芳
出版发行：安徽美术出版社
地　址：合肥市翡翠路 1118 号出版传媒广场 14 层
邮　编：230071
印　制：北京汇瑞嘉合文化发展有限公司
开　本：880mm × 1230mm　1/32
印　张：5
版(印)次：2023 年 11 月第 1 版　2023 年 11 月第 1 次印刷
书　号：ISBN 978-7-5745-0220-8
定　价：45.00 元